无机化学

WU JI HUAXUE

叶晓萍　童义平　编著

版权所有　翻印必究

图书在版编目（CIP）数据

无机化学/叶晓萍，童义平编著. —广州：中山大学出版社，2016.4
ISBN 978 - 7 - 306 - 05641 - 2

Ⅰ. ①无… Ⅱ. ①叶… ②童… Ⅲ. ①无机化学—高等学校—教材 Ⅳ. ①O61

中国版本图书馆 CIP 数据核字（2016）第 049609 号

出 版 人：	徐　劲
策划编辑：	金继伟
责任编辑：	周　玢
封面设计：	曾　斌
责任校对：	李培红
责任技编：	何雅涛
出版发行：	中山大学出版社
电　　话：	编辑部 020 - 84110771，84113349，84111997，84110779
	发行部 020 - 84111998，84111981，84111160
地　　址：	广州市新港西路 135 号
邮　　编：	510275　　传　真：020 - 84036565
网　　址：	http://www.zsup.com.cn　E-mail:zdcbs@mail.sysu.edu.cn
印 刷 者：	虎彩印艺股份有限公司
规　　格：	787mm × 1092mm　1/16　11 印张　201 千字
版次印次：	2016 年 4 月第 1 版　2016 年 4 月第 1 次印刷
定　　价：	35.00 元

如发现本书因印装质量影响阅读，请与出版社发行部联系调换

前　　言

自从 20 世纪上半叶配位化学创建以来，无机化学进入了一个飞速发展的阶段，无机化学的理论体系、实验研究体系都得到了迅速的发展，课程内容、研究手段及方法也发生了很大变化，因此，国内外的高校化学及相关学科专业无机化学课程的内容编排、教学方法也随之发生着深刻的变化。

本教材从我们多年从事无机化学教学的实际出发，根据当代我国大学无机化学教学改革的需求而编写。目前，国内大学既有研究型的大学，又有教学型的大学，还有大量职业技术学院。此外，除了传统的化学及相关专业需开设无机化学课程外，大量的其他学科，如生物、材料、地质、环境、地理、电子等学科也需开设该门课程，因此，适应不同学科专业、不同层次的无机化学课程的内容编排及讲授方法逐步多样化起来。

正是基于此考虑，我们编写了这样一本无机化学教材，内容编排上比较适合理、工综合性的大学化学及相关的生物、材料、地质、环境、地理、电子等学科专业课程的开设。另外，知识结构主要针对教学型的大学及职业技术学院相关专业开设的无机化学课程。在我国，这个层次的大学及在校生人数是最大的，因此，本教材应有较大的读者群。

在内容安排上，主要讲述无机化学的原理，力求从微观到宏观，从普遍原理到特殊规律，从浅到深地阐述相关内容，循序渐进，逐步把无机化学的原理部分内容呈现给读者。表述上，尽量用通俗易懂的文字，尽量增加内容的可读性，有利于提高学生学习的积极性。正是因为本教材主要面对教学型的大学及职业技术学院相关专业无机化学课程的开设，内容安排侧重于较为难学、难懂的无机化学的原理部分，而对相对易学且内容相对固定的元素化学部分内容作简化安排，以适应更广泛读者的需求。

全书共 6 章，包括第 1 章，绪论；第 2 章，无机化学基础理论；第 3 章，溶液中的化学平衡；第 4 章，原子结构与元素周期系；第 5 章，化学键与分子结构；第 6 章，元素化学。为帮助读者学习，每章编排了一定数量的练习题，供读者课后巩固学习的内容。

由于编者水平有限，书中不妥之处在所难免，敬请读者不吝指正。

编　者

2015 年 12 月

目 录

第1章 绪论 …………………………………………………………………… 1
  1.1 无机化学研究的对象 ……………………………………………… 1
  1.2 无机化学的课程任务及学习方法 ………………………………… 2

第2章 无机化学基础理论 …………………………………………………… 3
  2.1 基本概念 …………………………………………………………… 4
    2.1.1 系统与环境 ………………………………………………… 4
    2.1.2 相 …………………………………………………………… 5
    2.1.3 过程与途径 ………………………………………………… 5
    2.1.4 系统的状态和状态函数 …………………………………… 5
    2.1.5 热、功和内能 ……………………………………………… 6
    2.1.6 自发反应和非自发反应 …………………………………… 7
  2.2 化学反应热力学初步 ……………………………………………… 7
    2.2.1 化学反应热效应及热化学反应方程式 …………………… 8
    2.2.2 化学反应热的计算 ………………………………………… 10
    2.2.3 化学反应自发进行的方向 ………………………………… 12
  2.3 化学反应速率与化学平衡 ………………………………………… 16
    2.3.1 化学反应速率 ……………………………………………… 16
    2.3.2 化学平衡 …………………………………………………… 19
  复习思考题 ……………………………………………………………… 24

第3章 溶液中的化学平衡 …………………………………………………… 27
  3.1 溶液的通性 ………………………………………………………… 28
    3.1.1 溶液浓度的表示方法 ……………………………………… 29
    3.1.2 稀溶液的依数性 …………………………………………… 30
  3.2 弱电解质溶液中的酸碱平衡 ……………………………………… 33
    3.2.1 酸碱质子理论 ……………………………………………… 34

     3.2.2 水的离子积 ·· 35
     3.2.3 弱酸弱碱的解离平衡 ······························ 35
  3.3 难溶电解质的沉淀溶解平衡 ································ 41
     3.3.1 溶度积和溶解度 ···································· 41
     3.3.2 溶度积规则 ·· 42
     3.3.3 溶度积规则应用 ···································· 43
  3.4 配合物和配位平衡 ·· 45
     3.4.1 配合物的基本概念 ································· 45
     3.4.2 配位平衡及其计算 ································· 47
  3.5 氧化还原反应及氧化还原平衡 ···························· 49
     3.5.1 基本概念 ··· 49
     3.5.2 原电池和电极电势 ································· 50
     3.5.3 影响电极电势的因素——Nernst 方程 ········ 54
     3.5.4 电极电势的应用 ···································· 55
     3.5.5 元素电势图及其应用 ······························ 57
  复习思考题 ··· 58

第4章 原子结构与元素周期系 ·································· 62
  4.1 核外电子的运动状态 ·· 62
     4.1.1 核外电子的运动特征 ······························ 64
     4.1.2 原子轨道与电子云 ································· 65
     4.1.3 描述电子运动状态的量子数 ···················· 67
     4.1.4 多电子原子轨道的能级——鲍林近似能级图 ·········· 70
  4.2 原子核外电子排布与元素周期律 ························· 71
     4.2.1 基态原子核外电子排布 ··························· 71
     4.2.2 原子结构和元素周期系 ··························· 72
  4.3 元素基本性质的周期性变化 ······························· 74
     4.3.1 原子半径 ··· 74
     4.3.2 电离能 ·· 76
     4.3.3 电子亲和能 ·· 77
     4.3.4 电负性 ·· 77

4.3.5　元素的金属性和非金属性 ································ 77
　复习思考题 ··· 77

第5章　化学键与分子结构 ··· 80
5.1　化学键 ··· 80
　　5.1.1　离子键 ··· 80
　　5.1.2　共价键 ··· 83
5.2　杂化轨道理论与分子的空间构型 ························· 87
　　5.2.1　杂化轨道理论的基本要点 ····························· 88
　　5.2.2　杂化轨道的类型 ··· 88
5.3　价层电子对互斥理论 ··· 91
　　5.3.1　价层电子对互斥理论的基本要点 ····················· 92
　　5.3.2　判断共价分子结构的一般规律 ························ 92
5.4　分子间力及氢键 ··· 93
　　5.4.1　范德华力 ··· 93
　　5.4.2　氢键 ··· 96
　复习思考题 ··· 99

第6章　元素化学 ·· 101
6.1　元素概述 ·· 101
　　6.1.1　元素的存在状态和分布 ································ 101
　　6.1.2　元素分类 ··· 103
6.2　非金属元素 ··· 103
　　6.2.1　非金属元素概述 ··· 103
　　6.2.2　非金属单质的性质 ······································ 105
　　6.2.3　重要非金属元素化合物 ································ 108
6.3　金属元素 ·· 118
　　6.3.1　金属元素概述 ··· 118
　　6.3.2　金属单质的性质 ··· 119
　　6.3.3　重要金属元素及其化合物 ····························· 127
　复习思考题 ··· 139

附录 ·· 141
    附录1 常见无机物质标准热力学数据（298.15 K）·············· 141
    附录2 一些有机物的标准燃烧热（298.15 K）···················· 155
    附录3 配位离子不稳定常数的负对数值·························· 156
    附录4 标准键能（298.15 K）······································ 157
    附录5 溶度积常数·· 158
    附录6 标准电极电势（298.15 K）······························· 160
    附录7 弱酸、弱碱的解离常数（298.15 K）···················· 163
    附录8 元素周期表·· 165

主要参考书目 ·· 166

第1章 绪 论

> **学习要求**
> 1. 了解无机化学的研究对象。
> 2. 了解化学在国民经济和日常生活中的作用。
> 3. 掌握无机化学课程的任务和学习方法。

无机化学这一分支的形成常以 1870 年前后周期律的发现和周期表的公布为标志。1871 年，俄国的 Mendeleev 发表了《化学元素的周期性依赖关系》一文，并公布了与现行周期表形式相似的门捷列夫周期表。周期表的发现奠定了现代无机化学的基础。

1.1 无机化学研究的对象

化学研究的范围极其广泛。按研究的对象或研究的目的不同，可将化学分为无机化学、有机化学、高分子化学、分析化学和物理化学等五大分支科学。无机化学这一分支的形成常以 1870 年前后周期律的发现和周期表的公布为标志。当时人们虽已积累了 63 种元素及其化合物的化学及物理性质的丰富资料，但这些资料仍然零散而缺乏系统，各种不同元素之间存在何种内在联系是化学家们十分关心的问题。自 19 世纪开始，德国的 D. Bereiner，法国的 De Chancourrois，英国的 Newlands、Odling，以及德国的 Meyer 等人先后做了许多元素的分类研究工作。到 1871 年，Mendeleev 发表了《化学元素的周期性依赖关系》一文，并公布了与现行周期表形式相似的门捷列夫周期表。周期表的发现奠定了现代无机化学的基础。正确的理论用于实践会显示出其科学预见性。依据周期表理论，人们修改了某些错误的当时公认的相对原子质量。至 1961 年，原子序数由 1～103 的元素全部被发现，尔后又发现了元素 104（1969 年）、105（1970 年）、106（1974 年）、107（1981 年），直到 109 号元素。依理论预计，175 号元素可以"稳定"存在，是否正确有待于实验的验证。至今根据周期系来发现和合成新化合物仍是化学科学的传统工作。

自然界的物质可分为无机物和有机物两类。无机物是指所有元素的单质和除碳氢化合物及其衍生物以外的化合物。无机化学就是研究无机物的科学，其研究范围是无机物的存在、制备、组成、结构、性质、变化规律和应用。20世纪40年代末，由于原子能工业和半导体材料工业的兴起，无机化学又取得了新的进展。从70年代以来，随着宇航、能源、催化及生化等研究领域的出现和发展，无机化学无论在实践还是理论方面都有了许多新的突破。当今在无机化学中最活跃的领域有：无机材料化学（或固体无机化学）、生物无机化学、有机金属化学。

1.2　无机化学的课程任务及学习方法

无机化学课程的任务是使学生掌握无机化学的基础理论、化学反应的一般规律和基本化学计算方法，加强对化学反应现象的理解，加强对无机化学实验操作技能的训练。培养学生理论联系实际、分析问题和解决问题的能力，并为后续课程的学习、职业资格证书的考取及从事化工技术工作打下坚实的基础。

学习无机化学，首先要正确理解并牢固掌握基本概念、基础理论、基本知识和基本研究方法；要及时整理笔记，列出重点，学会分层次（了解、理解、掌握）学习、记忆知识；要注意知识的条件性、局限性，深入认识化学变化的基本规律；要注意知识的连续性，学会理论联系实际，如学习元素部分知识时，要以元素周期律为基础，以物质的性质为中心，再从性质理解物质存在、制法、保存、检验和用途等内容，使知识既主次分明，又系统条理；要养成良好的学习习惯，做好预习、复习，按时完成作业，及时归纳总结，不断加强学习效果。

第 2 章　无机化学基础理论

学习要求

1. 了解状态函数等热力学常用术语。
2. 理解反应热效应的概念，正确书写热化学反应方程式。
3. 掌握焓和焓变的概念。
4. 学会反应热及标准状态下反应自由能和熵的变化。
5. 学会运用自由能变化判断化学反应的方向，理解标准平衡常数与 $\Delta_r G_m^{\ominus}$ 的关系。
6. 掌握化学反应速率的表示方法及一些基本概念如基元反应、复杂反应、反应级数等。
7. 掌握浓度、温度及催化剂对反应速率的影响。
8. 了解活化能的概念及其与反应速率的关系。能运用 Arrhenius（阿伦尼乌斯）公式进行有关计算。
9. 掌握化学平衡和标准平衡常数的意义及其表达式的含义。
10. 掌握标准平衡常数与吉布斯自由能之间的关系，能进行相应的计算和判断反应进行的方向及程度。
11. 了解浓度、温度和压力对化学平衡的影响并能进行相应的计算。
12. 初步建立从热力学和动力学等两个方面选择合理的反应或生成条件的概念。

无机化学理论是研究化学的基础，它涉及反应动力学、反应热力学、化学平衡及原子结构等知识。一个化学反应在一定条件下能否自发进行，自发进行反应的速率大小，以及反应到达平衡后各物质的百分组成、浓度及平衡状态如何，决定物质性质的微观结构怎样，这些问题构成了化学基础理论。本章在化学热力学基础上，讨论了化学反应速率和化学平衡等内容。

2.1 基本概念

2.1.1 系统与环境

在进行科学研究时，首先要确定研究对象的范围和界限。热力学把被研究的对象称为系统，系统以外与系统密切相联系的部分叫作环境。系统的确定是根据研究的需要人为划分的，即系统与环境的划分并不是绝对的，带有一定的人为性。原则上讲，对同一问题，不论选择哪个部分作为系统都可解决，只是在处理上有简便与烦琐之分，显然，要尽量选择便于处理的部分作为系统。一般情况下选什么部分作为系统是明显的，但在某些特殊场合下，选择便于问题处理的系统并非一目了然。确定系统是热力学解决问题程序中的第一步。例如，研究硝酸银与氯化钠在水溶液中的反应。把这两种溶液放在小烧杯中，那么溶液就是一个系统，而溶液之外的与之有关的其他部分（烧杯、溶液上方的空气等）都是环境。系统与环境之间的"联系"包括能量交换和物质交换。我们按照系统和环境之间物质和能量的交换情况，可将系统分为以下三种：

（1）敞开系统。系统与环境之间既有物质交换又有能量交换。

（2）封闭系统。系统与环境之间只有能量交换而没有物质交换。这是化学热力学研究中最常见的系统。

（3）孤立系统。系统与环境之间既没有物质交换也没有能量交换。严格的孤立系统是没有的。因为没有一种材料能完全隔绝热量的传递，也不可能完全消除重力及电磁场的影响。但是，如果影响非常小，以至可以忽略，则可以近似地当作孤立系统。孤立系统也称隔离系统。

例如，在一敞口的烧杯中进行 NaOH 的溶解实验，把 NaOH 和 H_2O 作为系统，NaOH 溶解过程中系统与环境不仅有热交换，还有 H_2O 气体分子逸入环境，所研究的这个系统为一敞开系统；若在该烧杯上加盖，使 H_2O 分子不再逸入环境，系统与环境仅有能量交换，此时所研究的系统为封闭系统；若将 NaOH 溶于水的实验在绝热良好的保温杯中进行，NaOH 溶于 H_2O 的过程中，系统与环境既无物质交换又无能量交换，则此时的系统可视为孤立系统。又如，一个盛水的敞口的瓶（敞开体系），此时既有热量的交换，又有瓶中水汽的蒸发和瓶外空气的溶解等；若在此瓶口盖上瓶塞（封闭体系），此时只有热量交换；若将此广口瓶换为带盖的杜瓦瓶（孤立体系），则此时瓶内外既没有物质的交换也没有能量的交换。

2.1.2 相

系统中任何具有相同的物理和化学性质的部分称为相。相与相之间在指定条件下有明显的界面存在,但系统与环境可能有界面,也可能没有界面,在界面上宏观性质的改变是飞跃式的。系统可分为单相(均匀)系统和多相(不均匀)系统。

气体,不论有多少种气体混合,只有一个气相。液体,按其互溶程度可以组成一相、两相或三相共存。固体,一般有一种固体便有一个相,两种固体粉末无论混合得多么均匀,仍是两个相(固体溶液除外,它是单相)。

2.1.3 过程与途径

当系统状态发生变化时,我们把这种变化称为过程。完成这个过程的具体步骤则称为途径。常见的热力学过程有等压、等容和等温过程。(见图2-1)

定温过程:始态、终态温度相等,并且过程中始终保持这个温度。$T_1 = T_2$。

定压过程:始态、终态压力相等,并且过程中始终保持这个压力。$p_1 = p_2$。

定容过程:始态、终态容积相等,并且过程中始终保持这个容积。$V_1 = V_2$。

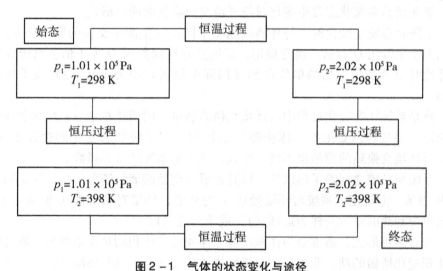

图2-1 气体的状态变化与途径

2.1.4 系统的状态和状态函数

热力学用系统的性质来确定系统的状态,也就是说系统的性质(如温度、压力、体积、质量等)总和决定了系统的状态。系统的性质总和一定时,系统的状态也就确定了。我们通常把这些用来描述系统状态性质的函数称为状态函数（如温度、压力、体积、质量等）。

系统中只要有一个性质改变了，系统的状态也就必然随之改变；反之，系统的状态确定之后，系统的各种性质也都有各自的确定数值，即状态函数就有一定的数值。

状态函数决定于状态本身，而与变化过程的具体途径无关。当系统从一种状态变化到另一种状态时，系统状态函数发生改变。

例如，要使一种气体的温度由 300 K 变为 380 K，可以先将该气体升温到 400 K，然后降到 380 K；或先降到 280 K，再升温到 380 K。体系的温度变化量都是 80 K。ΔT 只决定于起始状态和最终状态，它与变化所经历的途径无关。

由于系统的多种性质之间有一定的联系，例如，某一理想气体的物质的量、压力、温度由实验确定之后，则该系统的体积、密度即可利用理想气体状态方程式求得。

2.1.5 热、功和内能

热和功是系统状态发生变化时与环境交换能量的两种形式。

系统状态发生变化时，与环境因温度不同而发生能量交换的形式称为热。在热力学中常用 Q 表示。通常规定，系统从环境吸热时 Q 为正值，系统放热给环境时 Q 为负值。热的单位在 SI（国际单位制）中为焦耳（J）或千焦耳（kJ）。

热是系统状态变化过程中与环境交换的能量，因而热总是与系统状态变化的途径（系统状态变化的具体步骤）密切相关。系统状态变化的途径不同，系统与环境交换热的数值也不同。所以，热不是系统的状态函数。

系统与环境之间除了热以外，以其他形式交换的能量统称为功，通常用符号 W 表示。并规定：系统对环境做功 W 为负值，环境对系统做功 W 为正值。功的单位和热的单位一样为焦耳（J）或千焦耳（kJ）。

功有多种形式，通常分为体积功和非体积功。体积功是指系统与环境之间因体积变化所做的功；非体积功是指除体积功之外，系统与环境之间以其他形式所做的功。本章只讨论体积功。

功和热一样，是系统状态发生变化的过程中与环境交换能量的形式，其值随系统状态变化的途径而异，即功也不是系统的状态函数。

内能是系统内部储存能量的总和，是能量的一种形式，它是与微观粒子运动相联系的能量。内能用符号 U 表示，具有能量单位 $kJ \cdot mol^{-1}$。

内能仅取决于系统的状态，系统的状态一定，它就有确定的值，也就是说内能是系统的状态函数。

系统的内能包括系统内部质点（分子、原子、离子等）运动的动能、质点间相互作用的位能及系统内的分子内部具有的能量（如原子间的键能、核内基本粒子间相互作用的能量等）。由于系统内部质点的运动和相互作用异常复杂，系统内能的绝对值尚无法确定，但系统的状态变化时，内能的变化量是可以测定的，可由变化过程中系统和环境所交换的热和功的数值来确定。

在一定条件下，内能可以与其他形式的能量相互转化，在转化时遵守：

$$\Delta U = Q + W \tag{2-1}$$

上式被称为能量守恒定律，即热力学第一定律。系统内能的变化等于系统从环境吸收的热量加上环境对系统做的功。

2.1.6 自发反应和非自发反应

自然界中发生的一切变化都是有方向性的。自然界中有两个倾向，系统倾向于能量最低状态，倾向于混乱度最大。自发反应是指在一定温度、压力条件下，不需外界做功，一经引发即自动进行的反应。这种不需要任何外力作用就能自动进行的过程，称为自发过程。例如水可以自动地由高处往低处流，铁在潮湿空气中生锈，冰在常温下融化，食盐在水中溶解，烟雾在空气中消散等。

自发反应与条件有关，特别是温度。如石灰石分解在室温下是非自发反应，在高温下是自发反应。自发反应与速率无关。在室温下中和反应和合成氨反应均为自发反应，但中和反应速率快，而合成氨反应速率慢。

非自发反应不是不可能进行的反应，但进行的程度小或需要外界做功才能进行。在高温时（发生闪电或内燃机中），空气中的氮气和氧气生成少量氮氧化物。电解时，水分解为氢气和氧。

2.2 化学反应热力学初步

化学反应热力学与化学反应动力学是研究化学反应的两个方面。化学热力学主要是从宏观的角度研究化学反应的能量变化，研究化学反应的方向、可能性等问题。其不仅可以用来分析各种无机化合物的物理化学性质，而且也能阐明无机化学中与化学反应速度有关的许多平衡问题。

本节主要解决这样几个问题：首先，当把几种物质放在一起时，在一定条件下能否发生化学反应，若能反应，反应过程中能量有无变化；其次，反应进行的快慢如何，反应进行的限度又如何。

2.2.1 化学反应热效应及热化学反应方程式

化学反应中,不仅参加反应的物质发生了变化,而且常常伴随有能量的改变。化学反应所释放的能量是日常生活和工业生产所需能量的主要来源。

1. 化学反应热效应

化学热力学第二定律指出,化学反应的方向与反应放出的热能密切相关。化学反应伴随的能量变化形式虽有多种,但通常以热量形式表现出来,这就是热效应,又称反应热。即通常把只做体积功,且始态和终态具有相同温度时,系统吸收或放出的热量叫作反应热。根据反应过程恒容还是恒压,反应热又分为恒容反应热 Q_V 和恒压反应热 Q_p。

如果反应在恒容条件下进行,因为体积恒定,体积功 $W=0$。

由式 $\Delta U = Q + W$ 可知:

$$Q_V = \Delta U \qquad (2-2)$$

即在恒容条件下,热效应等于体系内能的变化。

许多化学反应的热效应可以通过一定方法直接测量。测量热效应的装置叫量热计。这里介绍一种精确测量恒容热效应的装置——弹式量热计,如图2-2所示。

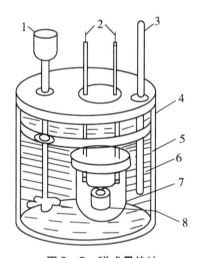

图 2-2 弹式量热计

1. 搅拌器;2. 引燃线;3. 温度计;4. 绝热套;5. 钢质量热筒;6. 水;7. 氧弹;8. 样品盘

在弹式量热计中,有一个用高强度钢制成的"氧弹"。氧弹放在装有一定量水的恒温绝热容器中,在氧弹中装有反应物和加热用的炉丝,通电加热便可引发反应。如果所测的是放热反应,则放出的热量完全被水和氧弹吸收,因而

温度从 T_1 升高到 T_2。假定反应放出的热量为 Q，水吸收的热量为 $Q_水$，氧弹吸收的热量为 $Q_弹$，则 $Q = -(Q_水 + Q_弹)$

$$Q_水 = cm\Delta T$$
$$Q_弹 = C\Delta T$$
$$\Delta T = T_2 - T_1$$

式中：c——水的比热容（质量热容），$c = 4.184\ \text{J}/(\text{g}\cdot\text{K})$；

$\quad\quad m$——水的质量，g；

$\quad\quad C$——氧弹的热容（预先已测好），J/K。

只要准确测出水的质量 m 和反应前后的温度，就可以计算出该反应在恒容条件下所放出（或吸收）的热量，这就是恒容反应的热效应。由于恒容热效应在数值上等于体系热力学能的变化，因此尽管反应物和产物热力学能的绝对值无法测定，但是反应前后热力学能的变化值可以用这个方法测定出来。

如果反应在恒压条件下进行，系统对环境做体积功 $W = -p\Delta V$。

热力学定义：

$$H = U + pV$$

式中：H 为一状态函数，称为焓，具有加和性。ΔH 为焓变，由热力学第一定律推出：

$$Q_p = H_2 - H_1 = \Delta H \tag{2-3}$$

即等压反应热全部用于体系焓的改变。

对于吸热反应 $\Delta H > 0$，对于放热反应 $\Delta H < 0$。

H 的单位与热力学能的单位相同，为 $\text{kJ}\cdot\text{mol}^{-1}$。焓的绝对值不能确定。在实际应用中，涉及的都是焓变 ΔH。

2. 热化学方程式

通常把能表示出化学反应与热效应之间关系的方程式，称作热化学反应方程式。

$$H_2(g) + \frac{1}{2}O_2(g) = H_2O(l) \quad\quad \Delta_r H_{m,298}^{\ominus} = 286\ \text{kJ}\cdot\text{mol}^{-1}$$

由于化学反应的热效应除与反应进行的条件（如温度、压力等）有关外，还与反应物、生成物的数量、状态等有关，因而在书写热化学反应方程式时应注意以下三点：

（1）注明物质的聚集状态。因为聚集状态不同，相应的能量也不同。一般用 g、l、s 表示气、液、固三种状态，用 aq 表示水溶液等，标注在该物质化学式的后面。此外如果一种固体物质可能有几种晶形，则应注明是哪种晶形。

（2）注明反应的温度和压力。如果反应是在 298 K 和 100 kPa 下进行的，则按习惯可不注明。压力对化学反应的热效应的影响不大；温度对热效应有影响,但也不大。在本书中,可近似认为化学反应的热效应不随温度改变。

$$\Delta_r H_m^{\ominus}(T) \approx \Delta_r H_m^{\ominus}(298.15 \text{ K})$$

(3) 正确写出配平的化学反应方程式。方程式中各物质前的计量系数可以是整数,也可以不是整数。同一反应,以不同的计量方程式表示,其热效应数值是不同的。

2.2.2 化学反应热的计算

1. 标准摩尔焓变与反应热

因为 $Q_p = \Delta H$,所以恒温恒压条件下的反应热可表示为反应的焓变——$\Delta_r H(T)$,"r"表示反应(reaction);反应系统的 n_B 确定为 1 mol 时的反应热称为反应的摩尔焓变——$\Delta_r H_m(T)$,"m"表示每摩尔(mol)反应;在标准状态下的摩尔焓变称为反应的标准摩尔焓变——$\Delta_r H_m^{\ominus}(T)$。

例如:

$$C(石墨) + O_2(g) \longrightarrow CO_2(g) \quad \Delta_r H_m^{\ominus}(T)$$

其中,C(石墨)为碳的参考态单质,$O_2(g)$ 为氧的参考态单质,此反应是生成反应。所以此反应的焓变即是 $CO_2(g)$ 的生成焓:

$$\Delta_r H_m^{\ominus}(T) = \Delta_f H_m^{\ominus}(CO_2, g, T)$$

热力学关于标准态的规定:

(1) 气体物质的标准态是在标准压力($p^{\ominus} = 100.00$ kPa)时的(假想的)理想气体状态。

(2) 溶液中溶质 B 的标准态是:在标准压力 $p^{\ominus}$ 时的标准质量摩尔浓度 ($b^{\ominus}$) $= 1.0$ mol·kg^{-1},并表现为无限稀薄溶液时溶质 B(假想)的状态。

(3) 液体或固体的标准态是:在标准压力 $p^{\ominus}$ 时的纯液体或纯固体。

2. 盖斯定律(Hess 定律)

化学反应的反应热(在恒压或恒容条件下)只与物质的始态或终态有关,与变化的途径无关。1840 年,瑞士的化学家盖斯在总结了大量实验结果的基础上,提出一条规律:在恒压或恒容条件下,一个化学反应不论是一步完成或分几步完成,其热效应总是相同的。

$$\Delta_r H = \sum_i \Delta_r H_i \tag{2-4}$$

【例 2-1】已知:

(1) $2C(s) + O_2(g) =\!=\!= 2CO(g)$ $\quad \Delta_r H_1^{\ominus} = -221.0$ kJ·mol^{-1}

(2) $CO(g) + \frac{1}{2}O_2(g) =\!=\!= CO_2(g)$ $\quad \Delta_r H_2^{\ominus} = -283.0$ kJ·mol^{-1}

求下式的反应焓变:

$$(3) C(s) + O_2(g) = CO_2(g)$$

解：根据盖斯定律，$(3) = \frac{1}{2} \times (1) + 1 \times (2)$，有：

$$\Delta_r H_3^\ominus = \frac{1}{2} \times (\Delta_r H_1^\ominus) + 1 \times (\Delta_r H_2^\ominus) = \frac{1}{2} \times (-221.0) + 1 \times (-283.0)$$
$$= -393.5 \text{ kJ} \cdot \text{mol}^{-1}$$

【例 2-2】求 C(石墨) + $0.5O_2(g)$ = $CO(g)$ 的 $\Delta_r H_1^\ominus$。

解：因为产物的纯度不好控制，可能在生成 CO 的同时也有少量 CO_2 生成（如图 2-3）。下列两个反应的热效应容易测：

C(石墨) + $O_2(g)$ = $CO_2(g)$ $\Delta_r H_2^\ominus = -393.5 \text{ kJ} \cdot \text{mol}^{-1}$

$CO(g) + 0.5O_2(g)$ = $CO_2(g)$ $\Delta_r H_3^\ominus = -283.0 \text{ kJ} \cdot \text{mol}^{-1}$

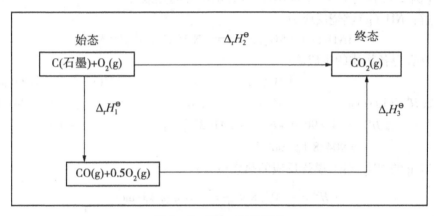

图 2-3   Hess 定律示意

因为：$\Delta_r H_2^\ominus = \Delta_r H_1^\ominus + \Delta_r H_3^\ominus$，解得 $\Delta_r H_1^\ominus = -110.5 \text{ kJ} \cdot \text{mol}^{-1}$。

3. 由标准摩尔生成焓计算反应热

指定温度 T 时（通常用 298.15 K 时可省略）由参考态单质生成物质 B（$\nu_B = +1$）的标准摩尔焓变，称为物质 B 的标准摩尔生成焓。大多物质的标准摩尔生成焓为负，单位是 $\text{kJ} \cdot \text{mol}^{-1}$。例如：

$$C(\text{石墨}) + O_2(g) \longrightarrow CO_2(g) \quad \Delta_r H_m^\ominus$$

其中，C(石墨)为碳的参考态单质，$O_2(g)$ 为氧的参考态单质，此反应是生成反应。所以此反应的焓变即是 $CO_2(g)$ 的生成焓：

$$\Delta_r H_m^\ominus (T) = \Delta_f H_m^\ominus (CO_2, g, T)$$

参考态单质通常指在所讨论的温度和压力下状态最稳定的单质。也有例外，如：石墨(C)，白磷(P)，$\Delta_f H_m^\ominus$（参考态单质，T）= 0。

由标准摩尔焓变可以计算化学反应的反应热:根据盖斯定律,若化学反应可以加和,则其反应热也可以加和。推理:任一化学反应可以分解为若干最基本的反应(生成反应),这些生成反应的反应热之和就是该化学反应的反应热。通式:

$$\Delta_r H_m(T) = \sum \nu_B \Delta_f H_m^{\ominus}(B, 相态, T) \quad (2-5)$$

即,对于一般反应:

$$aA + bB = dD + eE$$

其反应热效应为:

$$\Delta_r H_{m,298}^{\ominus} = [d\Delta_f H_m^{\ominus}(D) + e\Delta_f H_m^{\ominus}(E)] - [a\Delta_f H_m^{\ominus}(A) + b\Delta_f H_m^{\ominus}(B)] \quad (2-5')$$

计算时要注意物质在反应式中的系数。

【例2-3】计算17 g 的 $NH_3(g)$ 燃烧反应的热效应。

解:$NH_3(g)$ 燃烧反应为

$$4NH_3(g) + 5O_2(g) = 4NO(g) + 6H_2O(g)$$

查表得各物质的生成焓:

	$NH_3(g)$	$O_2(g)$	$NO(g)$	$H_2O(g)$
$\Delta_r H^{\ominus}/(kJ \cdot mol^{-1})$	-46.1	0	90.4	-241.8

$$\Delta_r H^{\ominus} = [4 \times 90.4 + 6 \times (-241.8)] - [4 \times (-46.1) + 0]$$
$$= 904.8 \text{ kJ} \cdot \text{mol}^{-1}$$

17 g 的 $NH_3(g)$ 燃烧反应的热效应为:

$$\Delta_r H^{\ominus} = -904.8 \times \frac{1}{4} = -262.2 \text{ kJ} \cdot \text{mol}^{-1}$$

2.2.3 化学反应自发进行的方向

自然界的一切过程均服从热力学第一定律。但是,在服从热力学第一定律的前提下,一个过程能否自发进行呢?化学反应存在自发过程,化学反应的方向即是反应自发进行的方向。

自然界中有两个倾向,系统倾向于能量最低状态,倾向于混乱度最大。自然界中的许多自发的过程,如物体受到地心引力而下落,水从高处流向低处等等,这些过程都有能量的改变,也就是系统的势能降低或损失了。早在100多年前,就有人提出以化学反应的热效应来预言反应的方向。认为自发进行的反应都是放热的,即 $\Delta H < 0$。并认为放热越多,物质间的反应越可能自发进行。如:

$$Zn(s) + CuSO_4(aq) = ZnSO_4(aq) + Cu(aq)$$

$$\Delta_r H_m^{\ominus} = -111.44 \text{ kJ} \cdot \text{mol}^{-1} < 0$$

实际上,在25 ℃,标准压力下,几乎所有的放热反应都是自发的。但有些反应例外。例如，硝酸钾溶于水：

$$KNO_3(s) \longrightarrow K^+(aq) + NO_3^-(aq) \qquad \Delta_r H_m^\ominus = +35.0 \text{ kJ·mol}^{-1} > 0$$

这些过程都是吸热过程，但在常温常压下能自发进行。还有一些反应在一定温度下也自发进行，如：

$$CaCO_3(s) \longrightarrow CO_2(g) + CaO(s) \qquad \Delta_r H_m^\ominus = +178 \text{ kJ·mol}^{-1} > 0$$

因此，用反应的热效应作为反应自发性的普遍性判据是有局限性的，是不妥当的。说明除了焓变这一重要因素外，还有其他因素影响化学反应自发进行的方向。

1. 化学反应过程中的熵变和反应方向

在一密闭容器中，中间用隔板隔开，一半装氮气，一半装氢气，两边气体的压力和温度相同；去掉隔板后，两种气体自动扩散，形成均匀的混合气体，这种混合均匀的气体放置多久也恢复不了原状。氮气和氢气相互混合的过程是自发进行的。混合后气体分子处于一种更加混乱无序的状态。这个例子说明系统能自发地向混乱度增大的方向进行。也就是说系统倾向于取得最大的混乱度。

1864年，克劳修斯提出了熵（S）的概念，用熵来表示系统的混乱度，用符号S表示。1872年，玻尔兹曼首先对熵给予微观的解释，他认为，在大量微粒（分子、原子、离子等）所构成的体系中，熵就代表了这些微粒之间无规律排列的程度，代表了体系的混乱度。系统的混乱度越大，熵值就越大。熵值的增加表示系统混乱度增加。熵与焓一样，也是状态函数。

影响熵值的因素如下：

（1）同一物质：$S(高温) > S(低温)$，$S(低压) > S(高压)$；$S(g) > S(l) > S(s)$。

（2）相同条件下的不同物质：分子结构越复杂，熵值越大。

（3）$S(混合物) > S(纯净物)$。

（4）对于化学反应，由固态物质变成液态物质或由液态物质变成气态物质（或气体物质的量增加的反应），熵值增加。

在某温度T时，1 mol物质的熵值称为该物质的摩尔熵。而标准状态下的摩尔熵称为标准摩尔熵，以符号$S_m^\ominus$表示，单位为$J·mol^{-1}·K^{-1}$。常见物质298.15 K时的标准摩尔熵值见附录1。有了各种物质的标准摩尔熵S的数值后，就可以求得化学反应的标准摩尔熵的变化，即标准摩尔熵变，用符号$\Delta_r S_m^\ominus$表示。

用熵变判断反应自发性的标准是，对于孤立系统：

$\Delta S(孤) > 0$　　自发过程，有利于反应自发正向进行；

$\Delta S(孤) = 0$　　平衡状态；

$\Delta S(孤) < 0$　　非自发过程，不利于反应自发正向进行。

大多数化学反应是非孤立系统,熵判据并不普遍适用。

如:
$$2SO_2(g) + O_2(g) \longrightarrow 2SO_3(g)$$
是一个自发过程,但
$$\Delta_r S_m^\ominus(T) = -88.0 \text{ J} \cdot \text{mol}^{-1} \cdot \text{K}^{-1} < 0$$

2. 吉布斯函数变与反应进行的方向

美国科学家吉布斯(J. W. Gibbs)提出,判断反应自发性的标准是:在恒温恒压下,如果某一反应无论在理论上或实践上都可被利用来做有用功(W'),则该反应是自发的;如果必须从外界吸收功才能使一个反应进行,则该反应是非自发的。

前面提到,系统倾向于取得最低的势能又倾向于取得最大的混乱度。将这两点结合起来,1876年,吉布斯提出用吉布斯函数作为恒温恒压下判断化学反应方向的标准。吉布斯函数用符号 G 表示。

吉布斯函数的定义式为:

$$G \stackrel{\text{def}}{=\!=} H - TS \qquad (2-6)$$

G 为吉布斯(Gibbs)函数(Gibbs自由能),是状态函数,无绝对数值,单位为 $\text{kJ} \cdot \text{mol}^{-1}$。

吉布斯函数的变化即吉布斯函数变,用 ΔG 表示。吉布斯-亥姆霍兹公式如下:

$$\Delta G = \Delta H - T\Delta S \qquad (2-7)$$

或写成:

$$\Delta_r G = \Delta_r H - T\Delta_r S \qquad (2-7')$$

该公式表明,在恒温恒压下进行的化学反应,其吉布斯函数变由化学反应的焓变和熵变以及温度所决定。

在一定温度、标准状态下,1 mol 某物质标准摩尔吉布斯函数变,用符号 $\Delta_r G_m^\ominus B(T)$ 表示,单位是 $\text{kJ} \cdot \text{mol}^{-1}$。此时吉布斯-亥姆霍兹公式为:

$$\Delta_r G_m^\ominus(T) = \Delta_r H_m^\ominus - T\Delta_r S_m^\ominus \qquad (2-8)$$

根据吉布斯-亥姆霍兹方程可知,吉布斯函数 ΔG 受温度影响较大,而温度对焓变和熵变的影响较小。故在温度 T 时,某反应的标准吉布斯函数变 $\Delta_r G^\ominus(T)$ 可以近似用下式表示:

$$\Delta_r G_m^\ominus(T) \approx \Delta_r H_m^\ominus(298.15 \text{ K}) - T\Delta_r S_m^\ominus(298.15 \text{ K}) \qquad (2-8')$$

在温度 T 时系统达到平衡,$\Delta_r G_m^\ominus(T) = 0$,此时 $\Delta_r H_m^\ominus(298) = T\Delta_r S_m^\ominus(298)$。

当温度发生变化时,平衡将发生移动,反应方向有可能发生逆转,这时的温度称为转变温度，用 T_R 表示。非标准状态下：

$$T_R = \frac{\Delta_r H_m}{\Delta_r S_m} \tag{2-9}$$

若反应处于标准状态，则：

$$T_R = \frac{\Delta_r H_m^\ominus}{\Delta_r S_m^\ominus} \tag{2-9'}$$

吉布斯函数变化量 ΔG 可以作为在恒温恒压条件下，任意过程或反应自发性的判据。即：

$\Delta G < 0$，反应自发正向进行。

$\Delta G > 0$，反应非自发进行；逆向自发进行。

$\Delta G = 0$，系统处于平衡状态（化学反应的最大限度）。

表 2-1 表现了自发反应与 ΔG、ΔH、ΔS 的关系。

表 2-1 ΔG 与 ΔH、ΔS 的关系

类型	ΔH	ΔS	ΔG	反应的自发性
1	-	+	永远是 -	永远自发
2	+	-	永远是 +	永远非自发
3	-	-	受温度影响	温度低时自发
4	+	+	受温度影响	温度高时自发

如果系统处于标准态，则同样可用标准摩尔吉布斯自由能 $\Delta_r G_m^\ominus(T)$ 去判断标准态下反应自发进行的方向。

【例 2-4】计算标准状态下反应：

$$3H_2(g) + N_2(g) \Longrightarrow 2NH_3(g)$$

已知 $\Delta_r H_m^\ominus = -92.2 \text{ kJ·mol}^{-1}$，$\Delta_r S_m^\ominus = -197.4 \text{ J·mol}^{-1}\cdot K^{-1}$。

求：

（1）298.15 K 下 $\Delta_r G_m^\ominus$，并判断反应方向。

（2）700.00 K 下 $\Delta_r G_m^\ominus$，并判断反应方向。

（3）合成 NH_3 反应的温度范围。

解：（1）298.15 K 下：

$\Delta_r G_m^\ominus = \Delta_r H_m^\ominus - 298.15 \times \Delta_r S_m^\ominus$

$= (-92.2) - 298.15 \times (-197.4) \times 10^{-3} = -33.4 \text{ kJ·mol}^{-1}$

$\Delta_r G_m^\ominus < 0$ 表明标准态下反应是自发正向进行的。

（2）700.00 K 下：

$\Delta_r G_m^\ominus = \Delta_r H_m^\ominus - 700 \times \Delta_r S_m^\ominus$

$$= (-92.2) - 700 \times (-197.4) \times 10^{-3} = 46.0 \text{ kJ} \cdot \text{mol}^{-1}$$

$\Delta_r G_m^{\ominus} > 0$ 表明标准态下反应是非自发正向进行的,即反应不能正向进行。

(3) 标准态下,欲使反应正向自发进行,必须：

$$\Delta_r G_m^{\ominus} < 0$$

即：

$$\Delta_r H_m^{\ominus} - T\Delta_r S_m^{\ominus} < 0$$
$$-92.2 - T \times (-197.4) \times 10^{-3} < 0$$
$$T < \frac{92.2}{197.4 \times 10^{-3}} = 467 \text{ K}$$

所以合成氨反应在标准态下温度应控制到低于467 K。

2.3 化学反应速率与化学平衡

2.3.1 化学反应速率

化学热力学成功地预测了化学反应自发进行的方向,但自然界中化学反应种类繁多,化学反应速率也千差万别。有时,我们常常因为一个化学反应速率太慢而不能加以利用,如常温下氢气和氧气化合生成水的反应是自发的,但其速率太慢。相反,对一些危害甚大的反应,如金属腐蚀、食物变质、橡胶老化等,总是希望其尽可能慢些以减少损失。研究化学反应速率的科学叫化学动力学。

研究化学反应速率有着重要的实际意义,不论对生产还是对人类生活都是十分重要的。通过对反应速率的研究,人们可以控制反应速率以加速生产过程或延长产品的使用寿命,使大自然更好地为人类服务。

1. 反应速率的表示方法

为了比较反应速率,首先要明确如何表示反应速率。物质在进行化学反应时,随着反应的进行,反应物浓度不断降低,化学反应速率也将随着时间的增加而变慢。在化学动力学中,化学反应速度是用单位时间内反应物浓度的减少或生成物浓度的增加来表示的,单位用 $\text{mol} \cdot \text{L}^{-1} \cdot \text{s}^{-1}$、$\text{mol} \cdot \text{L}^{-1} \cdot \text{min}^{-1}$、$\text{mol} \cdot \text{L}^{-1} \cdot \text{h}^{-1}$。

虽然瞬时反应速率在实际生产中更有实际意义,但本节只讲平均反应速率。

对于任一反应：

$$a\text{A} + b\text{B} = d\text{D} + e\text{E}$$

平均反应速率为：

$$\bar{v} = -\frac{1}{a}\frac{\Delta c_A}{\Delta t} = -\frac{1}{b}\frac{\Delta c_B}{\Delta t} = \frac{1}{d}\frac{\Delta c_D}{\Delta t} = \frac{1}{e}\frac{\Delta c_E}{\Delta t} \qquad (2-10)$$

【例2-5】某给定温度下，在密闭容器中氮气与氢气反应生成氨，各物质变化浓度如下：

$$N_2 + 3H_2 = 2NH_3$$

起始浓度（mol/L）　　　1.0　3.0　0
3 s 后浓度（mol/L）　　0.7　2.1　0.6

计算该反应速度。（反应速度为正值）

解：

$$v_{N_2} = -\frac{(0.7-1.0)}{3} = 0.1 \text{ mol}\cdot L^{-1}\cdot s^{-1}$$

$$v_{H_2} = -\frac{(2.1-3.0)}{3} = 0.3 \text{ mol}\cdot L^{-1}\cdot s^{-1}$$

$$v_{NH_3} = -\frac{(0.6-0)}{3} = 0.2 \text{ mol}\cdot L^{-1}\cdot s^{-1}$$

以上所得的反应速率只是合成氨在 0～3 s 内的平均速率，且：

$$v_{N_2} = \frac{1}{3}v_{H_2} = \frac{1}{2}v_{NH_3}$$

2. 影响反应速率的因素

物质的本性对化学反应活性有决定性的作用。目前对物质内部的结构与其反应活性间的关系尚研究不够，还不可能概括其间的规律。化学反应速率的大小，除了首先决定于物质本性外，还与外界条件如浓度、温度、催化剂等有关。

（1）浓度对化学反应速度的影响。

物质在纯氧气中燃烧要比在空气中燃烧猛烈得多，这是因为，在相同温度下，纯氧的浓度约是空气中氧气的浓度的 5 倍。那么，反应物的浓度究竟如何影响反应速率呢？我们可以用如下反应式进行讨论。

对任一化学反应：

$$aA + bB = dD + eE$$

反应速率与反应物浓度呈如下函数关系：

$$v = kc^{\alpha}(A)\cdot c^{\beta}(B) \qquad (2-11)$$

该式称为反应速率方程。

式中：k——反应速率常数，它与温度及催化剂有关，其单位与反应级数有关。

α、β——α 为 A 物质的反应级数，β 为 B 物质的反应级数。$\alpha + \beta$ 为反应的（总）级数。反应级数不一定是整数，可以是分数，也可以为零。级数为零的反应叫零级反应，即浓度发生变化，速率不变。α 和 β 要通过实验来确定。

所以，一定温度下，增加反应物浓度可以加快反应速率。

（2）温度对反应速率的影响。

温度与化学反应速率有密切关系。大多数化学反应速率随温度升高而加快。温度对反应速率的影响，表现在温度对速率常数 k 的影响上。在1889年，瑞典的科学家阿累尼乌斯（S. Arrhenius）总结了大量的实验数据，提出了反应速率常数 k 随温度的变化关系（阿累尼乌斯公式）：

$$k = A\exp\left(-\frac{E_a}{RT}\right) \tag{2-12}$$

式中：A——前因子（也叫频率因子），与 k 有相同的单位；

k——速率常数；

E_a——反应的实验活化能（也叫阿氏活化能），简称活化能，$kJ \cdot mol^{-1}$；

R——气体常数（$8.314 \times 10^{-3} kJ \cdot mol^{-1}$）。

若已知 E_a 便可求得不同温度下的速率常数。设某反应在 T_1 时测得速率常数为 k_1，在 T_2 时测得速率常数为 k_2，则阿累尼乌斯方程为：

$$\ln\frac{k_2}{k_1} = \frac{E_a}{R}\left(\frac{T_2 - T_1}{T_1 T_2}\right) \tag{2-13}$$

从上式可以看出，升高温度，反应速率 k 增大。

（3）催化剂对反应速率的影响。

催化剂对化学反应的速率影响很大，它是一种能改变反应速率，而其本身的组成、质量和化学性质在反应前后保持不变的物质。

催化剂能改变反应历程，改变反应的活化能。能降低反应活化能，使反应速率加快的称为正催化剂；反之称为负催化剂或阻化剂。（见图2-4）

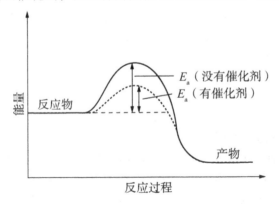

图2-4 催化剂对反应活化能的影响

现在各种基本有机原料的合成、石油催化裂化、橡胶合成、纤维合成、塑料合成、医药生产,以及无机化学工业中硫酸、硝酸和氨的生产都需要催化剂。据统计,目前有80%～85%的化学工业生产使用催化剂,可见催化剂在现代化工中具有何等重要的地位和作用。

2.3.2　化学平衡

对一个化学反应来说,不仅要考虑它在一定条件下能否进行,速率是多少,而且还应知道该反应能进行到什么程度,即化学平衡问题。理论上研究化学反应能达到的最大限度及有关平衡的规律性,更具有重要意义。

我们把既可以正方向进行又可以逆方向进行的化学反应称为可逆反应。一般来说,所有的化学反应都有可逆性,只是可逆的程度有很大差别。由于正逆反应处于同一系统内,在密闭容器内,可逆反应不能进行到底,即反应物不能全部转化为生成物。

例如,在密闭容器内,装入氢气和碘蒸气的混合气体,在一定温度下生成碘化氢:

$$H_2(g) + I_2(g) \Longleftrightarrow 2HI(g)$$

在相同条件下,碘化氢又分解产生氢气和碘蒸气。当该反应的正反应速率与逆反应速率相等时,系统所处的状态称为化学平衡。(见图2-5)

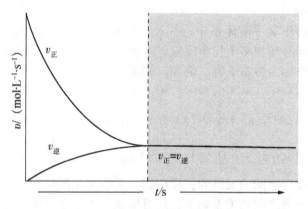

图2-5　正逆反应速率示意

化学平衡特征如下:

(1) 反应的正反应速率与逆反应速率相等。

(2) 反应物和生成物的浓度不再随时间而改变,此时,相应的反应物和生成物的浓度称为平衡浓度。

(3) 反应物和生成物必须同处一处,两者不能分。
(4) 反应可以从正、反两个方向达到平衡。

从表面上看,化学反应达到平衡以后,反应似乎已停止,但实际上正逆反应仍然在进行,只是正、逆反应速率相等。因此,化学平衡是一个动态平衡。

1. 标准平衡常数

(1) 标准平衡常数($K^{\ominus}$)。

为了更好地研究化学平衡,必须找出平衡时反应系统内各组分之间的关系。平衡常数可以作为衡量平衡状态的标志。对于如下可逆化学反应:

$$a\text{A}(g) + b\text{B}(aq) \rightleftharpoons d\text{D}(g) + e\text{E}(aq)$$

在一定温度下,达到平衡时,有以下关系式存在:

$$K^{\ominus} = \frac{\{p^{eq}(\text{E})/p^{\ominus}\}^e \cdot \{p^{eq}(\text{D})/p^{\ominus}\}^d}{\{p^{eq}(\text{A})/p^{\ominus}\}^a \cdot \{p^{eq}(\text{B})/p^{\ominus}\}^b} \qquad (2-14)$$

若反应中是溶液时,可用平衡时的浓度代替压强:

$$K^{\ominus} = \frac{\{c^{eq}(\text{E})/c^{\ominus}\}^e \cdot \{c^{eq}(\text{D})/c^{\ominus}\}^d}{\{c^{eq}(\text{A})/c^{\ominus}\}^a \cdot \{c^{eq}(\text{B})/c^{\ominus}\}^b} \qquad (2-15)$$

式中:$K^{\ominus}$——标准平衡常数;

p^{eq}——平衡时的分压力;

$p^{\ominus} = 100 \text{ kPa}$;

c^{eq}——平衡时的浓度;

$c^{\ominus} = 1 \text{ mol} \cdot \text{L}^{-1}$。

通常遇到的化学平衡体系中,往往同时存在多个化学平衡,并且相互关联,有的物质同时参加多个化学反应,这种一个系统中,同时存在几个相互联系的平衡的现象称为多重平衡。例如,同温下:

① $\text{S}(s) + \text{O}_2(g) \rightleftharpoons \text{SO}_2(g)$ $\qquad K_1^{\ominus}$

② $\text{SO}_2(g) + \frac{1}{2}\text{O}_2(g) \rightleftharpoons \text{SO}_3(g)$ $\qquad K_2^{\ominus}$

③ $\text{S}(s) + \frac{3}{2}\text{O}_2(g) \rightleftharpoons \text{SO}_3(g)$ $\qquad K_3^{\ominus}$

三个平衡反应之间的关系为:反应③ = 反应① + 反应②。

三个平衡常数之间的关系如下,这可以从热力学来证明:

$$K_1^{\ominus} = K_2^{\ominus} K_3^{\ominus}$$

说明:

1) 表达式中的浓度或分压是指到达平衡状态时各物质的浓度或分压。

2) 表达式中不含纯固体或纯液体的浓度。

3) $K^{\ominus}$ 值的大小除了受反应物本性影响外,还受反应温度影响,所以必须指明反应温度。它是无量纲的量。

4) $K^\ominus$ 值大小反映了化学反应进行的程度，$K^\ominus$ 很大，说明达到平衡时正反应进行得非常彻底。$K^\ominus$ 的表达式与化学计量方程的写法有关。如：

① $N_2O_4(g) \rightleftharpoons 2NO_2(g)$ $\qquad K_1^\ominus = \dfrac{(p_{NO_2}/p^\ominus)^2}{(p_{N_2O_4}/p^\ominus)}$

② $2NO_2(g) \rightleftharpoons N_2O_4(g)$ $\qquad K_2^\ominus = \dfrac{(p_{N_2O_4}/p^\ominus)}{(p_{NO_2}/p^\ominus)^2}$

③ $\dfrac{1}{2}N_2O_4(g) \rightleftharpoons NO_2(g)$ $\qquad K_3^\ominus = \dfrac{(p_{NO_2}/p^\ominus)}{(p_{N_2O_4}/p^\ominus)^{\frac{1}{2}}}$

（2）转化率。

根据平衡常数的大小可以衡量反应进行的程度，利用平衡常数也可以计算平衡时反应物的转化率。某反应的转化率是指平衡时该反应物已转化的量占起始量的百分率，通常用 α 表示，即：

$$\text{转化率}\ \alpha = \dfrac{\text{反应物已转化的量}}{\text{反应开始时该反应物的量}} \times 100\% \qquad (2-16)$$

【例 2-6】反应
$$CO(g) + H_2O(g) \rightleftharpoons H_2(g) + CO_2(g)$$
在 773 K 时平衡常数 $K^\ominus = 9$，反应开始时 $c(H_2O) = c(CO) = 0.020\ mol \cdot L^{-1}$。

求：CO 的转化率。

解：
$$CO(g) + H_2O(g) \rightleftharpoons H_2(g) + CO_2(g)$$

初始　　0.02　　0.02　　　　0　　　　0
平衡时　0.02-x　0.02-x　　　x　　　　x

则：
$$K^\ominus = \left(\dfrac{x}{0.02-x}\right)^2 = 9$$

得：
$$x = 0.015\ mol \cdot L^{-1}$$

$$\alpha^\ominus = \dfrac{0.015}{0.020} \times 100\% = 75\%$$

答：CO 的转化率为 75%。

（3）反应熵。

体系各物质处于任意态下，其各物质的浓度与分压的关系的物理量称为反应熵 J，其表达式与化学计量方程相对应，即，对任一化学反应：

$$aA(g) + bB(g) = dD(g) + eE(g)$$

$$J = \frac{\{p(E)/p^\ominus\}^e \cdot \{p(D)/p^\ominus\}^d}{\{p(A)/p^\ominus\}^a \cdot \{p(B)/p^\ominus\}^b} \qquad (2-17)$$

式中各物质的浓度或分压不一定是达平衡态时的浓度或分压,而是任意时刻的值。

2. 标准吉布斯函数和标准平衡常数之间的关系

化学反应达到平衡以后,各物质的组成不再变化。反应的标准吉布斯函数变化 $\Delta K^\ominus$ 与标准平衡常数 $K^\ominus$ 之间有一定的关系,对任一化学反应:

$$aA(g) + bB(g) = dD(g) + eE(g)$$

在恒温恒压条件下,反应的吉布斯函数变化为:

$$\Delta_r G_m(T) = \Delta_r G_m^\ominus(T) + RT\ln J$$

上式称为热力学等温方程式,也叫范特荷甫等温方程式。

根据热力学等温方程式,当反应达到平衡,$\Delta_r G_m(T) = 0$ 时,$J = K^\ominus$,则有:

$$\Delta_r G_m^\ominus(T) = -RT\ln K^\ominus \qquad (2-18)$$

$$\ln K^\ominus(T) = \frac{-\Delta_r G_m^\ominus(T)}{RT} \qquad (2-18')$$

上式表明了标准吉布斯函数和标准平衡常数之间的关系。

3. 影响化学反应平衡移动的因素

化学平衡是在一定条件下正逆反应速率相等时的一种动态平衡,一旦维持平衡的外界条件改变,反应将向新条件下的另一平衡态转化,这种反应从一种平衡态转化到另一平衡态的过程称为化学平衡的移动。这里所说的外界条件主要指浓度、压力和温度。

(1) 浓度对平衡移动的影响。

根据反应熵 J 的大小,可以推断化学平衡移动的方向。浓度虽然可以使平衡发生移动,但它不能改变 $K^\ominus$ 的数值,因为在一定温度下,$K^\ominus$ 值是一定的。在温度一定时,增加反应物的浓度或减少产物的浓度,此时 $J < K^\ominus$,平衡将向正反应方向移动,直到建立新的平衡,即直到 $J = K^\ominus$ 为止。若减少反应物浓度或增加生成物浓度,此时 $J > K^\ominus$,平衡将向逆反应方向移动,直到 $J = K^\ominus$ 为止。

通过比较反应熵 (J) 与标准平衡常数 ($K^\ominus$) 可判断可逆反应的反应方向:

$J < K^\ominus$,自发进行,平衡右移;

$J = K^\ominus$,平衡状态,平衡不动;

$J > K^\ominus$,非自发进行,平衡左移。

在化工生产中,经常利用这一原理,通过使反应的 $J < K^\ominus$、使平衡正向移动来提高反应物的转化率。

【例2-7】反应：
$$CO(g) + H_2O(g) \rightleftharpoons H_2(g) + CO_2(g)$$
在773 K时，平衡常数 $K^\ominus = 9$。如反应开始时 $c(H_2O) = 0.080$ mol·L^{-1}（前面例2-6的4倍），$c(CO) = 0.020$ mol·L^{-1}，求CO的转化率。

解：

	CO(g) +	H$_2$O(g) $\rightleftharpoons$	H$_2$(g) +	CO$_2$(g)
初始	0.02	0.08	0	0
平衡时	0.02 − x	0.08 − x	x	x

则：
$$K^\ominus = \frac{x^2}{(0.02-x)(0.08-x)} = 9$$

得：
$$x = 0.0194 \text{ mol·L}^{-1}$$

$$\alpha^\ominus = \frac{0.0194}{0.020} \times 100\% = 97\%$$

答：CO的转化率为97%。

这样由于水蒸气的浓度增加到原来的4倍，CO的转化率由75%变为97%。

(2) 压力对化学平衡的影响。

压力对平衡的影响主要是有气态物质参加的化学反应。对这样的反应，反应系统压力的改变对平衡的影响要根据具体情况而定。

对一般的化学反应

$$aA + bB = dD + eE$$

以 Δn 表示反应前后气体分子数的差。

当 $\Delta n = 0$ 时，改变系统压力，平衡不能发生移动。

当 $\Delta n < 0$ 时，增加系统压力，平衡正向移动，即平衡向气体分子总数减少的方向移动。

当 $\Delta n > 0$ 时，增加系统压力，平衡逆向移动，即平衡向气体分子总数减少的方向移动。

惰性气体对化学平衡的影响：

1) 恒温恒容条件下（$\Delta V = 0$，$\Delta T = 0$），向平衡体系中引入惰性气体，体系中各物质的分压未变，故 $J = K^\ominus$，平衡不发生移动。

2) 恒温恒压条件下（$\Delta p = 0$，$\Delta T = 0$），在总压一定时，惰性气体起稀释作用，它的作用与减少体系总压的效应相同。若 $\Delta n \neq 0$，平衡体系中引入惰性气体组分，平衡向分子数增加的方向进行。

总之，增加系统压力，平衡向气体分子总数减少的方向移动；反之，降低系统压力，平衡向气体分子总数增加的方向移动。如果气态反应物的总分子数和气态生成物总分子数相等，在等温下，增加或降低总压强，对平衡没有影响。

（3）温度对化学平衡的影响（Van't Hoff 方程）。

温度对化学平衡的影响与浓度和压力的影响不同，温度的改变将导致 $K^\ominus$ 值发生变化，从而使平衡发生移动。

根据

$$\ln K^\ominus(T) = \frac{-\Delta_r G_m^\ominus(T)}{RT}$$

和

$$\Delta_r G_m^\ominus(T) = \Delta_r H_m^\ominus(T) - T\Delta_r S_m^\ominus(T)$$

得：

$$\ln \frac{K_2^\ominus}{K_1^\ominus} = \frac{\Delta_r H_m^\ominus}{R} \cdot \frac{(T_2 - T_1)}{T_1 \cdot T_2} \qquad (2-19)$$

这就是 Van't Hoff 方程。

由上式可知，对于放热反应（$\Delta_r H^\ominus < 0$），升温时（$T_2 > T_1$），$K_2^\ominus < K_1^\ominus$，平衡左移；对于吸热反应（$\Delta_r H^\ominus > 0$），升温时（$T_2 > T_1$），$K_2^\ominus > K_1^\ominus$，平衡右移。

总之，系统温度升高，平衡向吸热反应方向移动；系统温度降低，平衡向放热反应方向移动。

浓度、压力、温度对化学平衡的影响均有特点，勒夏特列（Le Chatelier）把外界条件对化学平衡的影响概括为一条普遍的规律，即勒夏特列原理：如果改变影响平衡的某一因素，平衡将沿着减弱这种改变的方向移动。也就是说，如果对平衡体系进行扰动，平衡状态将向着使这种扰动倾向于消除的方向移动，直到建立起新的平衡为止。如改变反应物或产物的浓度（或分压），此时 J 发生变化，使 $\Delta_r G_m$ 改变，平衡要发生移动。

复习思考题

1. 发生有效碰撞时，反应物分子必须具有哪两个条件？
2. 书写反应速率方程式应注意什么问题？
3. 反应级数怎样确定？反应级数和反应分子数之间有什么联系？

4. 有哪几种确定反应速率方程的方法？

5. 用简单碰撞理论解释温度对反应速率的影响。

6. 催化剂有几种类型？什么叫自催化反应？

7. 比较浓度、温度、催化剂等影响活化分子数目的不同点。

8. 什么是化学平衡？化学平衡的特点是什么？

9. 平衡常数与反应历程有关吗？书写平衡常数时应注意什么问题？

10. 平衡常数与转化率之间有什么关系？

11. 什么是化学平衡移动？哪些因素影响化学平衡的移动？

12. 下列说法是否正确？为什么？

（1）放热反应均为自发反应。

（2）生成物的分子数比反应物多，则反应的 $\Delta_r S$ 必为正值。

（3）稳定单质的 $\Delta_f H_m^\ominus$、$\Delta_f G_m^\ominus$ 和 $S_m^\ominus$ 皆为零。

（4）若反应的 $\Delta_r G_{m,298}^\ominus > 0$，则该反应在任何条件下均不能自发进行。

（5）凡是自发反应都是快速反应。

（6）一般温度升高，化学反应速率加快。而活化能越大，则反应速率受温度的影响也越大。

（7）溶液中，反应物 A 在 t_1 时的浓度为 c_1，在 t_2 时的浓度为 c_2，则可以由 $(c_1 - c_2)/(t_1 - t_2)$ 计算反应速率，当 $\Delta t \to 0$ 时，则为平均速率。

（8）化学反应 $3A(aq) + B(aq) \to 2C(aq)$，当其速率方程式中各物质浓度均为 $1.0\ mol \cdot L^{-1}$ 时，其反应速率系数在数值上等于其反应速率。

（9）可根据反应速率系数的单位来确定反应级数。若 k 的单位是 $mol^{-n} \cdot L^{n-1} \cdot s^{-1}$，则反应级数为 n。

（10）通常升高同样温度，E_a 较大的反应速率增大倍数较多。

（11）相同质量的石墨和金刚石，在相同条件下燃烧时放出的热量相等。

（12）气体膨胀或被压缩所做的体积功是状态函数。

（13）所有气体单质的标准摩尔生成焓都为零。

（14）298 K 时石墨的标准摩尔生成焓为零。

13. 指出在 W、Q、U、H、S、G、p、T 和 V 中，哪些是状态函数？哪些的改变量只由始态、终态决定？哪些数值与变化途径有关？

14. 试说明 $\Delta_r H_m$、$\Delta_f H_m^\ominus$、$\Delta_r S_m^\ominus$、$\Delta_f G_m^\ominus$、$\Delta_r G_m^\ominus$ 和 $\Delta_r G_m$ 各物理量的意义？

15. 用标准生成焓（$\Delta_f H_m^\ominus$）计算下列反应在 298.15 K 和 100 kPa 下的反应热。

①$NH_3(g) + HCl(g) \Longrightarrow NH_4Cl(s)$；②$CaO(s) + CO_2(g) \Longrightarrow CaCO_3(s)$。

（答案：$2\ 599.2\ kJ \cdot mol^{-1}$；$85.43\ kJ \cdot mol^{-1}$）

16. 计算下列反应在298 K时的 $\Delta_r G_m^\ominus$，并指出反应在标准态下自发进行的方向。

①$2NH_3(g) \rightleftharpoons N_2(g) + 3H_2(g)$；②$CO(g) + NO(g) \rightleftharpoons CO_2(g) + 1/2N_2(g)$。

(答案：33.0 kJ·mol^{-1}，标准态下不自发；343.78 kJ·mol^{-1}<0，标准态下自发向右进行)

17. 某气体A的分解反应为：$A(g) \longrightarrow B(g) + C(g)$。当A的浓度为 0.50 mol·L^{-1}时，反应速率为 0.014 mol·L^{-1}·s^{-1}。如果该反应分别属于：①零级反应；②一级反应；③二级反应。则当A的浓度等于 1.0 mol·L^{-1}时，反应速率各是多少？

(答案：v=0.014 mol·L^{-1}·s^{-1}；v=0.028 mol·L^{-1}·s^{-1}；v=0.056 mol·L^{-1}·s^{-1})

18. 人体内某一酶催化反应的活化能是 50.0 kJ·mol^{-1}。试计算发烧40 ℃的病人与正常人（37 ℃）相比该反应的反应速率加快的倍数。

(答案：1.2 倍)

19. 反应$2SO_2(g) + O_2(g) \rightleftharpoons 2SO_3(g)$在727 K时$K^\ominus$=3.45，计算在827 K时的$K^\ominus$值($\Delta_r H_m^\ominus$ = -189 kJ·mol^{-1}可视为常数)。

(答案：0.078)

第 3 章 溶液中的化学平衡

学习要求

1. 掌握溶液浓度的表示方法，能够进行各浓度之间的相互换算。
2. 了解稀溶液依数性的含义，掌握稀溶液依数性与溶液浓度的关系；掌握利用稀溶液依数性求溶质的摩尔质量的方法。
3. 掌握酸碱质子理论的要点和一些重要概念，如弱电解质的电离平衡和 $K_a^\ominus$、$K_b^\ominus$ 的意义及相互关系。
4. 熟练地进行一元和二元弱电解质水溶液中 [H^+] 和 [OH^-] 浓度和 pH 的计算，能正确判断两性物质水溶液的酸碱性并进行初步计算。
5. 掌握同离子效应、盐效应等影响电离平衡的因素。
6. 了解缓冲溶液的性能和原理，并能根据需要选择和配制缓冲溶液，能进行基本的计算。
7. 了解酸碱理论的发展以及质子理论、电离理论和 Lewis 电子理论的概念和异同。
8. 掌握难溶电解质溶度积（$K_{sp}^\ominus$）的表达方式，并进行 $K_{sp}^\ominus$ 与溶解度（S）间的相互换算。
9. 掌握溶度积规则，并能应用溶度积规则判断沉淀是否生成、溶解或转化。
10. 掌握用溶度积规则判断分步沉淀中沉淀的先后顺序，以及判断溶液中各离子是否能完全分离。
11. 掌握配合物的基本概念（定义、组成、分类、命名和配位键的本质）。
12. 了解配合物的异构现象，能够由名称写出分子式。
13. 理解配合物的价键理论和晶体场理论，并能够用以解释或推测一些配合物的几何结构、磁矩、相对稳定性和颜色。
14. 掌握配位平衡的基本计算技能，熟悉酸碱平衡、沉淀平衡和氧化还原平衡与配位平衡的相互影响。
15. 掌握氧化还原反应的基本概念，明确氧化还原反应的特点和反应实质。
16. 熟练地配平氧化还原反应方程式。

17. 掌握电池反应、电极反应和电动势的意义，以及原电池的符号表示方法。

18. 掌握电极电势的定义及意义，掌握标准氢电极和标准电极电势的定义及相互关系。

19. 熟悉电极电势、吉布斯能与平衡常数的换算关系。

20. 熟悉影响电极电势的因素，掌握浓度、酸度、沉淀对电极电势的影响，并熟练运用能斯特方程进行相关的定量计算。

21. 熟练运用标准电极电势判断氧化剂和还原剂的强弱、氧化还原反应的方向并计算平衡常数。判断元素氧化态稳定性的方法和歧化反应，熟悉元素电势图、电势-pH图及其应用。

化学反应中有很大一部分是在水溶液中进行的，因而溶液中的化学平衡是化学平衡中至关重要而用途甚广的部分。第2章中介绍的热力学平衡的基本规则，在这里都是适用的。溶液中的化学平衡主要包括酸碱解离平衡、沉淀溶解平衡、电化学平衡、配位平衡、氧化还原平衡几大类。各类平衡既具有自身的特点，又都遵循化学平衡的基本规律。在实际的溶液体系中，可能单独存在某一类平衡，也可能同时存在几类不同的平衡。

3.1 溶液的通性

溶液是由两种或多种组分组成的均匀分散体系。溶液中各部分都具有相同的物理和化学性质，是一个均相体系。其中分散质称为溶质，而分散介质称为溶剂。溶液不同于其他分散体系之处在于：溶液中溶质是以分子或离子状态均匀地分散于溶剂之中的。

分散体系是指当一种或几种物质被分散在另一种物质中时所形成的体系。被分散的物质称为分散质；起分散作用的，使分散质在其中分散的物质称为分散剂，亦称分散介质。

同一溶剂，相同浓度、不同溶质的溶液具有相同的性质。这些性质称为溶液的通性。

在水溶液中或熔融状态下能导电的化合物称为电解质。根据电解质在水溶液中的电离程度，又可分为强电解质和弱电解质两类。强电解质在水溶液中完全电离为离子，如 HCl、NaOH、Na_2SO_4 等；弱电解质在水溶液中仅很少部分解离为离子，如 CH_3COOH、H_2CO_3、$NH_3 \cdot H_2O$、$HgCl_2$、$Pb(CH_3COO)_2$ 等。

3.1.1 溶液浓度的表示方法

浓度就是指一定量溶液中溶质及溶剂相对含量的定量表示。根据研究需要的不同,这种相对含量的表示可以有多种方式。常用的浓度表示法有质量分数、物质的量浓度、质量摩尔浓度、摩尔分数等。

1. 物质 B 的质量分数

用溶质的质量占全部溶液质量的分数表示溶液中溶质的浓度,叫作物质的质量分数。用 w_B 表示。若其溶液是由 A 和 B 两种组分组成的,它们在溶液中的质量分别为 m_A 和 m_B,则:

$$w_B = \frac{m_B}{m_A + m_B} \tag{3-1}$$

溶液各组分的物质的量分数之和等于 1。当需要着重描述某些性质与溶质及溶剂分子相对数量关系时,常用此浓度表示。

2. 物质 B 的物质的量浓度

用 1 L 溶液中所含某溶质的物质的量表示的溶液浓度叫作该溶质的物质的量浓度,用符号 c 表示,单位是 $mol \cdot dm^{-3}$ 或 $mol \cdot L^{-1}$,n_B 是某溶质 B 的物质的量。

$$c_B = \frac{n_B}{V} \tag{3-2}$$

实验室配制该浓度的溶液十分方便,但是因为溶液的体积与温度有关,所以用该浓度表示的溶液浓度与温度有关。

3. 物质 B 的质量摩尔浓度

用每千克质量溶剂 m_A 中所含溶质的物质的量表示的溶液浓度叫作质量摩尔浓度,用符号 b_B 表示,单位是 $mol \cdot kg^{-1}$。

$$b_B = \frac{n_B}{m_A} \tag{3-3}$$

质量摩尔浓度常用于溶液的凝固点和沸点的计算。该浓度表示法的优点在于不受温度变化的影响。若溶液在加热过程中溶剂与溶质均无损失,则在 20 ℃时配制的溶液加热至 80 ℃时,其质量摩尔浓度并无变化。但是,由于液体溶剂不易称量,所以对一般实验室工作来说使用起来不太方便。

4. 物质 B 的物质的量分数(摩尔分数)

该溶质 B 的物质的量占全部溶液的物质的量的分数,称为物质的量分数,用符号 x_B 表示。

$$x_B = \frac{n_B}{n_A + n_B} \tag{3-4}$$

用摩尔分数表示浓度,则对于描述溶液的某些特殊性质(如蒸气压)时显得十分简便,并且该表示法也与溶液的温度无关。

3.1.2 稀溶液的依数性

难挥发非电解质的稀溶液有一些特殊的共性,这些共性与溶液中所含的溶质本性无关,而仅仅与所含溶质微粒的数有关,这种性质称为溶液的依数性,亦称为稀溶液的通性。溶液的依数性主要有:溶液的蒸气压下降,沸点上升,凝固点下降及渗透压等。

1. 溶液的蒸气压下降 Δp

在一定温度下,某种液体与其蒸气处于动态平衡时的蒸气压力,即为该液体的饱和蒸气的压力,称为饱和蒸气压,简称为该液体的蒸气压。蒸气压与液体的本性及温度有关。对某种纯溶剂而言,在一定温度下其蒸气压是一定的。但是,当溶入难挥发的非电解质而形成溶液后,由于非电解质溶质分子占据了部分溶剂的表面,单位表面内溶剂从液相进入气相的速率减小,因而达到平衡时,溶液的饱和蒸气压要比纯溶剂在同一温度下的蒸气压低。而这种蒸气压下降的程度仅与溶质的量相关,即与溶液的浓度有关,而与溶质的种类本性无关。

这一规律是法国化学家拉乌尔于1880年首次发现的,称为拉乌尔定律:在一定温度下,难挥发非电解质稀溶液的蒸气压下降与溶液中溶质的量,即其摩尔分数成正比,即:

$$\Delta p = p^* - p_1 = p^* x_1 = p^* (1 - x_2) \tag{3-5}$$

$$p_1 = p^* x_2 \tag{3-6}$$

式中:Δp——溶液的蒸气压下降;

p^*——纯溶剂的蒸气压;

p_1——溶液的蒸气压;

x_1——溶质的摩尔分数;

x_2——溶剂的摩尔分数。

该定律的适用范围:难挥发、非电解质、稀溶液。

2. 溶液的沸点上升和凝固点下降

沸点是指液体的蒸气压等于外界压力时的温度。由于加入难挥发非电解质后的溶液蒸气压下降,所以在相同外压下,溶液的蒸气压达到外界压力所需的温度必然高于纯溶剂,因此溶液的沸点将上升。溶液的沸点上升与溶液的质量摩尔浓度(b)之间有如下关系:

$$\Delta T_b = K_b b \tag{3-7}$$

式中：ΔT_b——溶液的沸点升高，单位是 K；

K_b——溶剂的沸点升高常数，单位是 $K \cdot kg \cdot mol^{-1}$；

b——溶液的质量摩尔浓度，单位是 $mol \cdot kg^{-1}$。

一种物质的凝固点或熔点是指一定外部压力下该物质的固、液两相蒸气压相等时的温度。以水溶液为例，当水中溶入难挥发非电解质后，由于水溶液的蒸气压下降，因此在水的正常凝固点 0 ℃时，溶液的蒸气压就小于冰的蒸气压，只有在更低的温度下，溶液的蒸气压才与冰的蒸气压相等，因此溶液的凝固点将下降。溶液的凝固点下降与溶液的质量摩尔浓度（b）之间有如下关系：

$$\Delta T_f = K_f b \tag{3-8}$$

式中：ΔT_f——溶液的凝固点下降，单位是 K；

K_f——溶剂的凝固点下降常数，单位是 $K \cdot kg \cdot mol^{-1}$；

b——溶液的质量摩尔浓度，单位是 $mol \cdot kg^{-1}$。

常见溶液的 K_b、K_f 值见表 3-1。

表 3-1　常见溶剂的 K_b、K_f 值

溶剂	沸点/K	K_b/$K \cdot kg \cdot mol^{-1}$	凝固点/K	K_f/$K \cdot kg \cdot mol^{-1}$
水	373.1	0.512	273.0	1.85～1.87
氯仿	334.3	3.630	—	—
苯	3 583.2	2.530	278.7	4.90
醋酸	391.0	3.070	289.8	3.90
萘	491.1	5.800	351.3	6.80～6.90

溶液的沸点上升和凝固点下降可以由水、水溶液、冰的蒸气压曲线予以说明。

图 3-1 中，实线 AB 是纯水的气、液两相平衡曲线，实线 AA' 是水的气、固两相平衡曲线（冰的蒸气压曲线），虚线 A'B' 是溶液的气、液两相平衡曲线。由图可见，当外界压力为 101.325 kPa 时，纯水的沸点是 100 ℃，而此时水溶液的蒸气压低于外压；当溶液的蒸气压等于外压时，相应的温度（即溶液的沸点）必高于 100 ℃，其与 100 ℃ 之间的差值就是溶液的沸点升高值。纯水的固、液两相蒸气压相等的温度为 0 ℃，由于溶解了溶质，0 ℃时溶液的蒸气压低于冰的蒸气压，当温度下降到 A' 点时，固、液两相重新达到平衡，即溶液的蒸气压等于冰的蒸气压，此时的温度即为溶液的冰点，此点与纯水的凝固点 0 ℃ 之间的差值就是溶液的凝固点下降值。

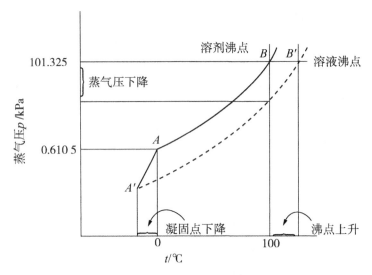

图3-1 水、冰和溶液的蒸气压曲线

3. 溶液的渗透压

半透膜是一种仅允许溶剂分子而不允许溶质分子通过的薄膜。当用半透膜把溶剂和溶液隔开时,纯溶剂和溶液中的溶剂都将通过半透膜向另一边扩散,但是由于纯溶剂的蒸气压大于溶液的蒸气压,所以净的宏观结果是溶剂将通过半透膜向溶液扩散,这一现象称为渗透。为了阻止这种渗透作用,必须在溶液一边施加相应的压力。这种为了阻止溶剂分子渗透而必须在溶液上方施加的最小额外压力就是渗透压。

对于难挥发的非电解质稀溶液来说,它的渗透压与溶液的浓度及温度成正比。如果用 Π 表示渗透压,则:

$$\Pi = nRT/V = cRT \tag{3-9}$$

式中:Π——渗透压,kPa;

n—— 溶质的物质的量,mol;

c——溶液浓度,$mol \cdot dm^{-3}$;

T——溶液温度,K;

V——溶液的体积,dm^3;

R——气体常数,$8.314 \ J \cdot mol^{-1} \cdot K^{-1}$。

上式为范特霍夫公式,该式表明,在一定温度下,稀溶液的渗透压只与溶液的物质的量浓度有关,而与溶液中溶质的种类无关。

渗透现象的产生需要两个条件:一是要有半透膜存在,二是在半透膜两侧要分别存在溶液和溶剂（或两种不同浓度的溶液）。

渗透现象与生命活动密切相关，因为细胞是构成生命的基本结构单元，而细胞膜就是典型的性能优异的天然半透膜，同时动植物组织内的许多膜（如毛细管壁、红细胞的膜等）也都具有半透膜的功能。

人们常常利用溶液的依数性原理来测定物质的相对分子质量，由于温度变化的测定比渗透压的测定来得方便，所以对于低分子质量的难挥发非电解质而言，用沸点升高法和凝固点下降法较为方便；但对于高分子质量化合物的相对分子质量测定，由于浓度很小，所引起的沸点上升和凝固点下降值很小，测定难以进行，这时用渗透压法来测定就更为简便。

【例 3–1】37 ℃时，血液的渗透压为 775 kPa。问与血液具有相同渗透压的葡萄糖（$C_6H_{12}O_6$）静脉注射液的浓度（$g·dm^{-3}$）是多少？

解：根据 $\Pi = cRT$，则有

$$775 \text{ kPa} = c_B \times 8.314 \text{ Pa·m}^3·\text{mol}^{-1}·\text{K}^{-1} \times 310 \text{ K}$$

$$c_B = \frac{775}{8.314 \times 310} \text{ mol·dm}^{-3} = 0.3 \text{ mol·dm}^{-3}$$

或

$$c_B = 0.3 \text{ mol·dm}^{-3} \times 180 \text{ g·mol}^{-1} = 54 \text{ g·dm}^{-3}$$

必须再次强调指出的是，本章所讨论的符合依数性定量规律的溶液是指难挥发的非电解质稀溶液。对于难挥发非电解质浓溶液或电解质溶液而言，虽然也会有蒸气压下降、沸点上升、凝固点下降和渗透压等现象，但是这些现象与溶液的浓度之间的关系不再符合依数性的定量规律。这是因为，在浓溶液中溶质粒子之间、溶质和溶剂粒子间的相互作用大大增强，这种相互作用到了不能忽略的程度，所以，简单的依数性关系已经不能正确描述溶液的上述性质。在电解质溶液中，由于溶质在溶剂中的解离，溶液中实际存在的微粒数量应包括未解离的分子及解离所产生的离子等全部微粒。各项依数性变化量则应按溶液中实际溶解的全部微粒的总量（或总浓度）计算。

3.2 弱电解质溶液中的酸碱平衡

物质在水溶液中或熔融状态下全部解离的叫强电解质，部分解离的叫弱电解质，不发生解离的叫非电解质。本节重点讨论弱电解质的解离问题。

人们对酸碱的认识经历了一个由浅到深、由低级到高级的过程。最初，人们对酸碱的认识只限于从物质所表现出来的性质上来区分酸和碱。认为具有酸味、能使石蕊变为红色的物质是酸；而具有涩味、滑腻感，能使红色石蕊变蓝，并能与酸反应生成盐和水的物质就是碱。后来，人们试图从物质的组成来定义酸碱。1777 年，A. L. Lavoisier 提出所有的酸都含有氧元素；1810 年，H. Davy 又提出氢是酸的组成成分；等等。这些酸碱概念都有局限性。随着生产和科学技术的进步，人们的认识不断深化，提出了多种酸碱理论。其中比较重要的有 S. A. Arrhenius 酸碱电离理论，E. C. Franklin 溶剂理论，J. Bronsted 和 T. Lowry 的酸碱质子理论，G. N. Lewis 的电子理论以及近期发展起来的软硬酸碱概念等。本节主要是在酸碱质子理论的基础上讨论溶液中酸碱平衡问题。

3.2.1 酸碱质子理论

酸碱质子理论认为，凡是能释放出质子的任何分子或离子都是酸，任何能与质子结合的分子或离子都是碱。简而言之，酸是质子的给予体，碱是质子的接受体。例如在水溶液中：

$$HCl \rightleftharpoons H^+ + Cl^-$$

$$H_2PO_4^- \rightleftharpoons H^+ + HPO_4^{2-}$$

$$NH_4^+ \rightleftharpoons H^+ + NH_3$$

HCl、$H_2PO_4^-$、NH_4^+ 都能给出质子，它们都是酸。Cl^-、HPO_4^{2-}、NH_3 都可以接受质子，都是碱。

质子理论强调酸与碱之间的相互依赖关系。酸给出质子后生成相应的碱，而碱结合质子后又生成相应的酸，酸与碱之间的这种依赖的关系称为共轭关系。这一关系可以用通式表示：

$$酸 \rightleftharpoons 质子 + 碱$$

酸给出一个质子后生成的碱称为这种酸的共轭碱，如 NH_3 是 NH_4^+ 的共轭碱；碱接受一个质子后所生成的酸称为这种碱的共轭酸，例如 NH_4^+ 是 NH_3 的共轭酸。酸与它的共轭碱（或碱与它的共轭酸）一起被称为共轭酸碱对。

共轭的酸和碱的强弱有一定的依赖关系。酸越强则对应的共轭碱的碱性越弱，酸越弱则对应的共轭碱的碱性越强；对于碱也是如此。确定了酸、碱的相对强弱之后，可用其判断酸碱反应的方向。

酸碱反应实质是争夺质子的过程，争夺质子的结果总是强碱夺取了强酸给出的质子而转化为它的共轭酸——弱酸；强酸则给出质子转化为它的共轭碱——弱碱。

3.2.2 水的离子积

1. 水的解离

纯水是一种很弱的电解质,有微弱的导电能力,存在下列解离平衡:

$$H_2O(aq) + H_2O(aq) \rightleftharpoons H_3O^+(aq) + OH^-(aq)$$

或

$$H_2O(aq) \rightleftharpoons H^+(aq) + OH^-(aq)$$

实验测得 295 K 时 1 L 纯水仅有 10^{-7} mol 水分子解离,所以

$$c(H^+) = c(OH^-) = 10^{-7} \text{ mol} \cdot \text{L}^{-1}$$

由平衡原理有:

$$K_w^\ominus = c(H^+) \cdot c(OH^-) = 10^{-14} \tag{3-10}$$

$K_w^\ominus$ 为水的离子积常数,简称水的离子积。

$K_w^\ominus$ 的意义为:一定温度时,水溶液中 H^+ 和 OH^- 浓度之积为一常数。

水的解离是吸热反应,当温度升高时,$K_w^\ominus$ 增大。(见表 3-2)

表 3-2 水的离子积常数与温度的关系

T/K	$K_w^\ominus$
273	1.5×10^{-15}
291	7.4×10^{-15}
295	1.00×10^{-14}
298	1.27×10^{-14}
323	5.6×10^{-14}
373	7.4×10^{-13}

2. 溶液的酸度

水溶液中氢离子的浓度称为溶液的酸度。

水溶液中 H^+ 的浓度变化幅度往往很大,浓的可大于 10 mol·L^{-1},在 $c(H^+) < 1$ 的情况下,用 pH(负对数法)表示溶液的酸度更为方便,pH 的定义是:溶液中氢离子浓度的负对数。

$$\text{pH} = -\lg c(H^+) \tag{3-11}$$

pH = 7,溶液为中性;pH > 7,溶液呈碱性;pH < 7,溶液呈酸性。粗略测定溶液的 pH,可用 pH 试纸。精确测定时,要用 pH 计。

3.2.3 弱酸弱碱的解离平衡

弱酸(或弱碱)分子在水溶液中只有一小部分解离成正、负离子,绝大

部分仍然以未解离的分子状态存在。溶液中始终存在着解离产生的正、负离子和未解离的分子之间的平衡，解离过程是可逆的，最后酸或碱与它解离出来的离子之间建立了动态平衡，称为解离平衡。

1. 一元弱酸和一元弱碱的解离平衡

解离平衡是水溶液中的化学平衡，其平衡常数 $K^\ominus$ 称为解离常数。分别用 $K_a^\ominus$ 和 $K_b^\ominus$ 表示弱酸和弱碱的解离常数，其值可由热力学数据计算，也可由实验测定。一元弱酸 HB 在水溶液中解离平衡为：

$$HB \rightleftharpoons H^+ + B^-$$

其平衡常数称为酸解离常数，用 $K_a^\ominus$ 表示，由化学平衡常数得：

$$K_a^\ominus = \frac{\{c(H^+)/c^\ominus\} \cdot \{c(B^-)/c^\ominus\}}{c(HB)/c^\ominus} \quad (3-12)$$

如弱酸 HAc 在水中存在如下解离平衡：

$$HAc(aq) \rightleftharpoons H^+(aq) + Ac^-(aq)$$

平衡时，各物质之间关系如下：

$$K_a^\ominus = \frac{\{c(H^+)/c^\ominus\} \cdot \{c(Ac^-)/c^\ominus\}}{c(HAc)/c^\ominus}$$

同理弱碱 $NH_3 \cdot H_2O$ 在水中存在如下解离平衡：

$$NH_3 \cdot H_2O(aq) \rightleftharpoons NH_4^+(aq) + OH^-(aq)$$

平衡时，各物质之间关系如下：

$$K_b^\ominus = \frac{\{c(NH_4^+)/c^\ominus\} \cdot \{c(OH^-)/c^\ominus\}}{c(NH_3 \cdot H_2O)/c^\ominus}$$

上两式中各项浓度为平衡时的物质的量的浓度，$c^\ominus$ 为标准态的浓度，等于 $1\ mol \cdot L^{-1}$，在计算时可以忽略；$K_a^\ominus$、$K_b^\ominus$ 表示了它们解离程度的大小，其性质不受离子或分子浓度的影响，受温度的影响。它们可以估计弱电解质解离的趋势。$K_a^\ominus$、$K_b^\ominus$ 值越大，解离常数越大，对应弱酸或弱碱越强。

解离平衡时，已解离的电解质浓度占电解质起始浓度的百分数叫解离度，用 α 表示。α 越大，表示该电解质在水溶液中越易解离。理论上强电解质在水中完全解离，$\alpha > -1$；而弱电解质则部分解离，$\alpha \leq 1$。

$$\alpha = \frac{\text{已解离的分子数}}{\text{原有的分子数}} \quad (3-13)$$

解离度（α）与解离常数（$K^\ominus$）之间是有一定关系的。

如弱酸 HB 解离：

$$HB \rightleftharpoons H^+ + B^-$$

起始浓度/$mol \cdot L^{-1}$ c 0   0

平衡浓度/mol·L^{-1} $\quad c-x \quad x \quad x$

则：
$$K_a^\ominus = \frac{\{c(H^+)/c^\ominus\}\cdot\{c(B^-)/c^\ominus\}}{c(HB)/c^\ominus}$$
$$= \frac{x^2}{c-x}$$

当 $K_a^\ominus/c_{酸} \leq 10^{-4}$ 时，可以忽略已解离的部分，$c-x \approx c$，这样可得：
$$x = \sqrt{K_a^\ominus \cdot c}$$

则：
$$c(H^+) = \sqrt{K_a^\ominus \cdot c} \quad 或 \quad \alpha = \sqrt{\frac{K_a^\ominus}{c}} \qquad (3-14)$$

溶液的 pH 为：
$$pH = -\lg[c(H^+)]$$

同理对于一元弱碱，有：
$$c(OH^-) = \sqrt{K_b^\ominus \cdot c} \quad 或 \quad \alpha = \sqrt{\frac{K_b^\ominus}{c}} \qquad (3-15)$$

此时溶液的 pH 为：
$$pH = 14 - \{-\lg[c(OH^-)]\}$$
$$= 14 + \lg[c(OH^-)]$$

值得注意的是，如果欲计算一个很弱的一元酸或者是非常稀的一元弱酸（$c_a \cdot K_a^\ominus \approx K_w^\ominus$）溶液的氢离子浓度，就不能利用上述近似式，因为此时必须考虑到水的解离所生成的氢离子浓度。

在一定的温度下，当溶液稀释时，由于保持 $K_a^\ominus$（$K_b^\ominus$）不变，所以弱电解质的解离度 α 相应增大，这个关系称作稀释定律。当无限稀释时，解离度 α 趋于 100%，但须注意，稀释时，解离度虽然增大，但溶液的酸性反而下降。

稀释定律的使用条件：
（1）溶质为一元弱电解质。
（2）当 $K_a^\ominus/c_{酸} \leq 10^{-4}$ 时。
（3）无同离子效应体系（单组分溶质）。

【例 3-2】计算在 0.1 L 浓度为 0.1 mol·L^{-1} HAc 中 H$^+$ 的浓度和溶液的解离度。

解：因为 $K_a^\ominus/c \leq 10^{-4}$，有：
$$c(H^+) = \sqrt{K_a^\ominus \cdot c} = \sqrt{1.76 \times 10^{-5} \times 0.10} = 1.3 \times 10^{-3} \text{ mol·L}^{-1}$$

$$\alpha = \sqrt{\frac{K_a^\ominus}{c}} = \sqrt{\frac{1.76 \times 10^{-5}}{0.10}} = 0.013$$

2. 多元弱酸的解离平衡

多元弱酸的解离是分级进行的，每一级都对应一个解离平衡，都有一个解离常数。以氢硫酸（H_2S）为例，讨论其解离平衡，其解离过程按以下两级进行：

$$H_2S(aq) \rightleftharpoons H^+(aq) + HS^-(aq) \quad \text{一级解离}$$

$$K_{a1}^\ominus = \frac{\{c(H^+)/c^\ominus\} \cdot \{c(HS^-)/c^\ominus\}}{c(H_2S)/c^\ominus} = 1.1 \times 10^{-7}$$

$$HS^-(aq) \rightleftharpoons H^+(aq) + S^{2-}(aq) \quad \text{二级解离}$$

$$K_{a2}^\ominus = \frac{\{c(H^+)/c^\ominus\} \cdot \{c(S^{2-})/c^\ominus\}}{c(HS^-)/c^\ominus} = 1.0 \times 10^{-14}$$

总平衡：

$$K^\ominus = \frac{\{c(H^+)/c^\ominus\}^2 \cdot \{c(S^{2-})/c^\ominus\}}{c(H_2S)/c^\ominus} \times \frac{c(Hs^-)}{c(Hs^-)}$$

$$= K_{a1}^\ominus \cdot K_{a2}^\ominus$$

$K_{a1}^\ominus$、$K_{a2}^\ominus$ 分别表示 H_2S 的一级和二级解离常数。$K_{a2}^\ominus \ll K_{a1}^\ominus$，说明第二级解离比第一级要困难得多。式中氢离子浓度应为一级解离与二级解离所生成的氢离子浓度之和。$c(HS^-)$ 应为一级解离生成的 $c(HS^-)_1$，减去二级解离消耗掉的 $c(HS^-)_2$，由于氢离子浓度主要来自于一级解离，因此可近似计算，方法与计算一元弱酸 H^+ 浓度相同。即：

$$c(H^+) = c(H^+)_1 + c(H^+)_2$$

当 $K_{a2}^\ominus \ll K_{a1}^\ominus$ 时，

$$c(H^+) \approx c(H^+)_1$$
$$c(HS^-) = c(HS^-)_1 - c(HS^-)_2 = c(H^+)_1 - c(H^+)_2$$
$$c(HS^-) \approx c(H^+)_1$$

代入 $K_{a1}^\ominus$ 与 $K_{a2}^\ominus$ 表达式并移项得：

$$c(H^+)/c^\ominus = \sqrt{\frac{c(H_2S)}{c^\ominus} K_{a1}^\ominus}$$

$$c(S^{2-})/c^\ominus = K_{a2}^\ominus$$

这说明二元弱酸的氢离子浓度与其一级解离常数成正比，酸根离子浓度近似等于其二级电离常数。

【例 3-3】 计算浓度为 0.1 mol·L^{-1} 的氢硫酸溶液中的 $c(H^+)$、$c(HS^-)$ 和 $c(S^{2-})$。

解：

$$c(H^+)/c^\ominus = \sqrt{\frac{c(H_2S)}{c^\ominus}K_{a1}^\ominus} = \sqrt{0.1 \times 1.1 \times 10^{-7}}$$

所以，

$$c(H^+) = 1.0 \times 10^{-4} \text{ mol·L}^{-1}$$
$$c(HS^-) = c(H^+) = 1.0 \times 10^{-4} \text{ mol·L}^{-1}$$
$$c(S^{2-}) = K_{a2}^\ominus = 1.0 \times 10^{-14}$$

3. 同离子效应

与所有的化学平衡一样，当溶液的浓度、温度等条件改变时，弱酸、弱碱的解离平衡会发生移动。在弱酸或弱碱溶液中加入与它们具有相同离子的强电解质时，弱电解质的解离度降低，这种现象称为同离子效应。

如在弱电解质 HAc 溶液中，加入强电解质 NaAc，由于 NaAc 全部解离成 Na$^+$(aq) 和 Ac$^-$(aq)，使溶液中 Ac$^-$(aq) 浓度增加，HAc 的解离平衡向左移动，溶液中 $c(H^+)$ 减小，从而降低了 HAc 的解离度：

$$\text{HAc(aq)} \rightleftharpoons \text{H}^+(\text{aq}) + \text{Ac}^-(\text{aq})$$
$$+$$
$$\text{NaAc(aq)} \longrightarrow \text{Na}^+(\text{aq}) + \text{Ac}^-(\text{aq})$$

同样，在 NH$_3$·H$_2$O 中加入 NH$_4$Cl 也会产生同离子效应。

【例 3-4】 计算在 0.1 L 浓度为 0.1 mol·L^{-1} HAc 中加入 0.1 mol NaAc(s) 后溶液的解离度。

解：

$$\text{HAc} \rightleftharpoons \text{H}^+ + \text{Ac}^-$$

起始浓度/mol·L^{-1}　　　　0.10　　0　　0.10

平衡浓度/mol·L^{-1}　　　　0.10 − x　　x　　0.10 + x

因为 x 很小，所以 $0.1 - x \approx 0.1$，$0.1 + x \approx 0.1$，有：

$$K_a^\ominus = \frac{x \times 0.10}{0.10}$$

$$x = c(H^+) = K_a^\ominus = 1.76 \times 10^{-5} \text{ mol·L}^{-1}$$

$$\alpha = \frac{c(H^+)}{0.10} = \frac{1.76 \times 10^{-5}}{0.10} = 1.76 \times 10^{-4}$$

从结果可以看出，加入 NaAc(s) 后，HAc 中 $c(H^+)$ 大约降低 74 倍，解离度也降低同样倍数。

4. 缓冲溶液

由弱酸（或弱碱）及其强碱（或其强酸）盐组成的混合溶液的 pH，在一定范围内不因稀释或外加少量酸或碱而发生显著变化，也就是说，对外加的少量酸和碱，具有缓冲的能力，这种溶液叫缓冲溶液。缓冲溶液一般由弱酸 + 弱酸盐或弱碱 + 弱碱盐组成。

例如在 HAc-NaAc 缓冲溶液中，由于 NaAc 完全解离，溶液中的 Ac^- 浓度较高；由于同离子效应，HAc 的解离度降低，以至于 HAc 浓度接近未解离时的浓度。

$$HAc(aq) \rightleftharpoons H^+(aq) + Ac^-(aq)$$

因此，溶液中弱酸分子与弱酸根离子浓度都较高，这是 HAc-NaAc 这类缓冲溶液的特点。同样在 $NH_3 \cdot H_2O\text{-}NH_4Cl$ 缓冲溶液中，也存在着较高浓度的弱碱分子与铵根离子。

缓冲溶液的缓冲作用就在于溶液中有大量的未解离的弱酸（或弱碱）分子及其相应盐离子。这种溶液中的弱酸（或弱碱）好比 H^+（或 OH^-）的仓库，当外界因素引起 $c(H^+)$ [或 $c(OH^-)$] 降低时，弱酸（或弱碱）就解离出 H^+（或 OH^-）；当外界因素引起 $c(H^+)$ [或 $c(OH^-)$] 增加时，大量存在的弱酸盐（或弱碱盐）的离子便会"吃掉"增加的 H^+（或 OH^-），从而维持溶液中 $c(H^+)$ [或 $c(OH^-)$] 基本不变。

缓冲溶液中共轭酸碱之间的平衡可用通式来表示如下：

$$\text{共轭酸}(aq) \rightleftharpoons H^+(aq) + \text{共轭碱}(aq)$$

根据共轭酸碱之间的平衡，可得：

$$c(H^+) = K_a^\ominus \frac{c(\text{共轭酸})}{c(\text{共轭碱})}$$

两边取负对数，得：

$$pH = pK_a^\ominus - \lg \frac{c(\text{共轭酸})}{c(\text{共轭碱})}$$

（适用于弱酸 – 弱酸盐）（3 – 16）

对于弱碱 – 弱碱盐来说，

$$pH = 14 - pK_b^\ominus + \lg \frac{c(\text{共轭酸})}{c(\text{共轭碱})} \qquad (3-17)$$

注意上述式中，共轭酸、共轭碱的浓度为平衡时的浓度。

【例 3 – 5】向 100 g 浓度为 0.1 $mol \cdot kg^{-1}$ 的 HAc 和 0.1 $mol \cdot kg^{-1}$ NaAc 混合溶液中加入 1.0 g 1.0 $mol \cdot kg^{-1}$ 的 HCl，求此溶液的 pH。已知 $K_a^\ominus = 1.76 \times 10^{-5}$。

解：由题意可知，加入 1.0 g 1.0 mol·kg^{-1} 的 HCl 后，溶液中，
$c(\text{HCl}) = 0.01$ mol·kg^{-1}，$c(酸) = 0.11$ mol·kg^{-1}，$c(盐) = 0.09$ mol·kg^{-1}。

代入式 $\text{pH} = pK_a^\ominus - \lg\dfrac{c(共轭酸)}{c(共轭碱)}$，有：

$$\text{pH} = -\lg(1.76 \times 10^{-5}) - \lg(0.11/0.09)$$
$$= 4.75 - 0.087 = 4.66$$

答：此溶液 pH = 4.66。

缓冲溶液的缓冲能力是有一定限度的。当加入大量的酸或碱，溶液中的弱酸及其共轭碱或弱碱及其共轭酸中的一种消耗将尽时，就失去缓冲能力了。

3.3 难溶电解质的沉淀溶解平衡

在科学实验和化工生产中，常常利用沉淀的生成和溶解进行产品的制备、离子的分离和提纯以及分析检验等。本节以化学平衡为依据，讨论难溶电解质的沉淀和溶解之间的平衡理论及其应用，也就是多相系统的离子平衡及其移动。

电解质在水中的溶解度是不同的。按溶解度的大小，电解质大致可划分为易溶和难溶两大类。例如 $AgNO_3$、$BaCl_2$、NaCl 等是易溶电解质，AgCl、$BaSO_4$、Ag_2CrO_4 等是难溶电解质。事实上在易溶与难溶之间没有绝对的界线。任何难溶的电解质在水中总是或多或少地溶解，绝对不溶的物质是不存在的。例如 AgCl(s) 在水中虽然难溶，但仍会有一定数量的 Ag^+ 和 Cl^- 离开晶体表面而进入水中；同时已溶解的部分 Ag^+ 和 Cl^- 又有可能回到 AgCl 晶体表面而析出。在一定条件下，当溶解与沉淀的速率相等时，AgCl 晶体和溶液相应的离子之间达到动态的多相离子平衡，称为沉淀溶解平衡。

3.3.1 溶度积和溶解度

$$\text{AgCl}(s) \underset{沉淀}{\overset{溶解}{\rightleftharpoons}} \text{Ag}^+(\text{aq}) + \text{Cl}^-(\text{aq})$$

溶解达到平衡时的溶液叫饱和溶液。此时平衡常数：

$$K^\ominus = K_{sp}^\ominus(\text{AgCl}) = \{c(\text{Ag}^+)/c^\ominus\} \cdot \{c(\text{Cl}^-)/c^\ominus\}$$
$$= c(\text{Ag}^+)c(\text{Cl}^-)$$

对于一般反应：
$$A_mB_n(s) \rightleftharpoons mA^{n+}(aq) + nB^{m-}(aq)$$
$$K_{sp}^{\ominus} = c(A^{n+})^m \cdot c(B^{m-})^n \quad (3-18)$$

$K_{sp}^{\ominus}$ 为溶度积常数，简称溶度积，与其他平衡常数一样，是温度的函数。其数值既可由实验测得，也可以用热力学数据来计算。

溶解度 S 的单位是 $g \cdot L^{-1}$ 或 $mol \cdot L^{-1}$，即饱和时的浓度。溶度积 $K_{sp}^{\ominus}$ 和溶解度（S）都可用来衡量某难溶物质的溶解能力，它们之间可以互相换算：

$$A_mB_n(s) \rightleftharpoons mA^{n+}(aq) + nB^{m-}(aq)$$
平衡时的浓度 $\quad\quad mS \quad\quad nS$

$$K_{sp}^{\ominus} = c(A^{n+})^m \cdot c(B^{m-})^n = (mS)^m \cdot (nS)^n = m^m \cdot n^n \cdot S^{n+m}$$

【例 3-6】25 ℃时 Ag_2CrO_4 的 $K_{sp}^{\ominus} = 9.0 \times 10^{-12}$，求它在水中的溶解度。

解：对于 Ag_2CrO_4，有
$$K_{sp}^{\ominus} = 4S^3$$
所以其溶解度为：
$$S(Ag_2CrO_4) = 0.13 \text{ mol} \cdot L^{-1}$$

对于同一类型的难溶电解质，可以通过溶度积的大小来比较它们的溶解度。同种类型的难溶电解质，在一定温度下，$K_{sp}^{\ominus}$ 越大则溶解度越大；不同类型则不能用 $K_{sp}^{\ominus}$ 的大小来比较溶解度，必须经过换算才能得出结论。

3.3.2 溶度积规则

根据溶度积常数可以判断沉淀、溶解平衡移动的方向。

在某难溶电解质溶液中，其离子浓度幂的乘积叫离子积，每种离子的浓度幂与化学计量式中的计量系数相等。离子积又称反应熵，用 J 表示。对于一般反应：

$$A_mB_n(s) \rightleftharpoons mA^{n+}(aq) + nB^{m-}(aq)$$
$$J = c(A^{n+})^m \cdot c(B^{m-})^n \quad (3-19)$$

溶度积规则：

$J > K_{sp}^{\ominus}$，平衡向左移动，沉淀析出；

$J = K_{sp}^{\ominus}$，处于平衡状态，饱和溶液；

$J < K_{sp}^{\ominus}$，平衡向右移动，无沉淀析出；

若原来有沉淀存在，则沉淀溶解。

3.3.3 溶度积规则应用

当溶液中发生化学反应产生难溶电解质时，有沉淀生成。与之相反，难溶电解质可以因为生成易溶电解质而溶解。如将 $AgNO_3$ 溶液加入 $NaCl$ 溶液中产生白色 $AgCl$ 沉淀；$Fe(OH)_3$ 或 $CaCO_3$ 与过量盐酸起反应，原有的固相便会消失。这一类反应的特征是在反应过程中常伴随着一种物相生成或消失，即沉淀生成或溶解。

1. 判断沉淀能否生成

根据溶度积规则，要使沉淀生成，即溶解平衡左移，其反应熵 J 必须大于 $K_{sp}^{\ominus}$。

【例 3-7】在 $0.1\ mol \cdot kg^{-1}\ FeCl_3$ 溶液中加入等体积含 $0.2\ mol \cdot kg^{-1}$ 氨水和 $2.0\ mol \cdot kg^{-1}\ NH_4Cl$ 的混合溶液，是否有 $Fe(OH)_3$ 沉淀生成？已知：$K_{sp}[Fe(OH)_3] = 2.64 \times 10^{-39}$。

解：按题意，$c(Fe^{3+}) = 0.05\ mol \cdot kg^{-1}$，$c(NH_4^+) = 1.0\ mol \cdot kg^{-1}$，$c(NH_3 \cdot H_2O) = 0.1\ mol \cdot kg^{-1}$。

$$NH_3 \cdot H_2O(aq) \rightleftharpoons NH_4^+(aq) + OH^-(aq)$$

平衡浓度 $/mol \cdot kg^{-1}$　　　　$0.1-x$　　　　$1.0+x$　　　　x

$$K_b^{\ominus} = \frac{\{c(NH_4^+)/c^{\ominus}\} \cdot \{c(OH^-)/c^{\ominus}\}}{c(NH_3 \cdot H_2O)/c^{\ominus}}$$

$$= (1.0+x)x/(0.1-x) = 1.7 \times 10^{-5}$$

近似处理，有：

$$1.0x/0.1 = 1.7 \times 10^{-5}$$

$$x = 1.7 \times 10^{-6}$$

$$J = c(Fe^{3+}) \cdot [c(OH^-)]^3$$
$$= 0.05 \times (1.7 \times 10^{-6})^3$$
$$= 5.0 \times 10^{-2} \times (1.7 \times 10^{-6})^3$$
$$= 2.5 \times 10^{-19}$$
$$> K_{sp}^{\ominus}[Fe(OH)_3] = 2.64 \times 10^{-39}$$

答：有 $Fe(OH)_3$ 沉淀生成。

2. 判断沉淀能否溶解

根据溶度积规则，要使沉淀溶解，必须降低该难溶盐饱和溶液中某一离子的浓度，以使 $J < K_{sp}^{\ominus}$。降低离子浓度的办法有：

(1) 生成弱电解质。

$$Mg(OH)_2(s) \rightleftharpoons Mg^{2+} + 2OH^-$$
$$+$$
$$2HCl \longrightarrow 2Cl^- + 2H^+$$
$$\Downarrow$$
$$2H_2O$$

由于加入 H^+ 使 OH^- 和 H^+ 结合成弱电解质水，溶液中的 OH^- 的浓度降低，使平衡向着溶解方向移动，从而使沉淀溶解。

(2) 氧化还原反应。

有一些溶度积很小的硫化物，如 Ag_2S、CuS、PbS 等既难溶于水，又难溶于盐酸，但可溶于具有氧化性的硝酸中，这是因为 HNO_3 将 S^{2-} 氧化成 S，而使 S^{2-} 浓度降低，从而使 $J < K_{sp}^{\ominus}$，导致硫化物溶解。

$$3CuS(s) + 8HNO_3(aq) \rightleftharpoons 3Cu(NO_3)_2(aq) + 3S(s) + 2NO(g) + 4H_2O(l)$$

(3) 生成配位化合物。

当难溶电解质中的金属离子能和某些试剂（配合剂）形成配离子时，会使沉淀或多或少地溶解。

$$AgCl(s) + 2NH_3(aq) \rightleftharpoons Ag(NH_3)_2^+(aq) + Cl^-(aq)$$

3. 分步沉淀

如果溶液中同时含有几种离子，当加入某种沉淀剂时，沉淀反应将依怎样的次序进行呢？

实验：取 $0.02\ mol \cdot L^{-1}$ NaCl 溶液 20 mL，$0.02\ mol \cdot L^{-1}$ NaI 溶液 20 mL 混合后，逐滴加入 $1\ mol \cdot L^{-1}$ 的 $AgNO_3$ 溶液观察现象。

结果先生成黄色沉淀 AgI 而后才生成白色沉淀 AgCl。

对于同一类型的难溶电解质，AgCl、AgI 沉淀析出的顺序是溶度积小的 AgI 先沉淀，溶度积大的 AgCl 后沉淀，这种先后沉淀的现象叫分步沉淀。

【例 3-8】在含有 $0.01\ mol \cdot kg^{-1}\ Cl^-$ 和 $0.01\ mol \cdot kg^{-1}\ I^-$ 的溶液中，逐滴加入 $AgNO_3$ 溶液，谁先沉淀？当 AgCl 开始沉淀时，溶液中 $c(I^-) = $ ？已知：$K_{sp}^{\ominus}(AgI) = 8.51 \times 10^{-17}$，$K_{sp}^{\ominus}(AgCl) = 1.77 \times 10^{-10}$。

解：

(1) AgI 和 AgCl 沉淀时，各需 $c(Ag^+)$：

$$c_1(Ag^+) = 8.51 \times 10^{-17} / 0.01$$
$$= 8.51 \times 10^{-15}$$

$$c_2(\text{Ag}^+) = 1.77 \times 10^{-10}/0.01$$
$$= 1.77 \times 10^{-8}$$

由于 $c_1(\text{Ag}^+) < c_2(\text{Ag}^+)$,可知,AgI(淡黄)先于 AgCl(白)沉淀。

(2) AgCl 开始沉淀时,
$$c(\text{Ag}^+) = 1.77 \times 10^{-8}$$

此时
$$c(\text{I}^-) = 8.51 \times 10^{-17}/1.77 \times 10^{-8}$$
$$c(\text{I}^-) = 4.81 \times 10^{-9} \text{ mol} \cdot \text{kg}^{-1}$$

若先沉淀的离子(如 I^-)在第二种沉淀开始生成时,其浓度小于 1.0×10^{-5} mol·kg^{-1}(或 1.0×10^{-5} mol·L^{-1}),则可认为前一种离子已沉淀完全了。在此例中,AgCl 开始沉淀前 $c(\text{I}^-)$ 已经小于 1.0×10^{-5} mol·kg^{-1},表明 Ag^+(沉淀剂)将 Cl^- 和 I^- 完全分离了。这就是沉淀分离法的理论根据。

3.4 配合物和配位平衡

我们对配位化合物已经有所接触,如 AgCl、Cu(OH)$_2$ 沉淀可以溶解于氨水,就是由于生成配离子 $[\text{Ag}(\text{NH}_3)_2]^+$、$[\text{Cu}(\text{NH}_3)_4]^{2+}$ 的缘故。配位化合物是一类组成比较复杂而应用极广的化合物。近 30 年来,由于分离技术、配位催化、电镀工艺以及原子能、火箭等尖端工业,化学模拟固定氮、光合作用人工模拟和太阳能利用,甚至生物配合物等方面的实际需要,特别是在现代结构化学理论和近代物理实验方法的推动下,配位化学已发展成为一个内容丰富、成果丰硕的学科,目前已成为一门独立的学科——配位化学。总之,配位化学在整个化学领域中具有极为重要的理论和实践意义。按照课程要求,本节只概括地介绍一些配位化学中最基本的知识和理论。

3.4.1 配合物的基本概念

配合物的定义是:由一个简单正离子(以配位键)和几个中性分子或负离子结合形成的复杂离子叫配离子,含配离子的化合物叫配位化合物。

1. 配合物的组成和命名

由中心离子(或原子)与一定数目的配位体(分子或离子),通过以配位键结合而形成的复杂离子称为配离子,配合物的组成表示如图 3-2:

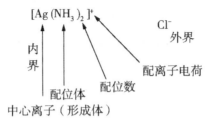

图 3-2 [Ag(NH₃)₂]Cl 配合物组成

内界即配离子,内、外界合称配合物。

中心离子(形成体):在配合物的内界,有一个带正电荷的离子或中性原子,位于配合物的中心位置,称为配合物的中心离子(或原子),也称为配合物的形成体。配合物的形成体通常是金属离子或原子,也有少数是非金属元素。

配位体:在配合物中,与形成体结合的离子或分子称为配位体(简称配体)。配体为水、氨等中性分子或卤离子、拟卤离子(CN^- 等)、羟离子(OH^-)、酸根离子等离子。

配位原子:在配体中提供孤对电子的原子称为配位原子,如配体 NH_3 中的 N 原子,配体 H_2O 和 OH^- 中的 O 原子,CN^- 中的 C 原子等。配位原子主要是非金属 N、O、S、C 和卤素等原子。

配位数:在配合物中,直接与形成体成键的配位原子的数目。

配位键:中心离子与配体之间的化学作用力。

配离子的电荷:形成体和配体电荷的代数和即为配离子的电荷,常根据配合物的外界离子电荷数来确定。

配合物的命名服从无机化合物命名的原则,称"某化某"或"某酸某"。

配离子的命名顺序为:配位体数(用二、三、四……)—配位体名称—"合"—中心离子(原子)—中心离子价态(用Ⅰ、Ⅱ、Ⅲ……)。

不同配体间用小黑点"·"分开,各配体命名次序按以下规则:先无机配体,后有机配体;先阴离子配体,后中性配体。

【例 3-9】部分配合物的命名如下:

$[Cu(NH_3)_4]SO_4$ 硫酸四氨合铜(Ⅱ)
$[CoCl_2(H_2O)_4]Cl$ 氯化二氯·四水合钴(Ⅲ)
$H_2[PtCl_6]$ 六氯合铂(Ⅳ)酸
$[Ag(NH_3)_2]OH$ 氢氧化二氨合银(Ⅰ)
$[Fe(CO)_5]$ 五羰基合铁(0)

3.4.2 配位平衡及其计算

1. 配离子的不稳定常数与稳定常数

大多数配位化合物相当于强电解质，在水溶液中全部解离。但是，配离子是中心离子与配位体之间以配位键结合的复杂离子，它是一种稳定存在的结构单元。配合物的内界和外界多数是以离子键或强极性共价键结合，在水溶液中很容易解离，类似于强电解质在水中的完全解离，而配合物内界中的中心离子和配位体之间是以特殊共价键（配位键）结合，类似于其他的弱电解质，在水溶液中难解离成中心离子和配位体，存在一个解离配位平衡。如：

$$[Cu(NH_3)_4]^{2+}(aq) \rightleftharpoons Cu^{2+}(aq) + 4NH_3(aq)$$

此平衡的平衡常数为：

$$K^{\ominus} = \frac{c(Cu^{2+})/c^{\ominus} \cdot (c(NH_3)/c^{\ominus})^4}{c([Cu(NH_3)_4]^{2+}/c^{\ominus})}$$

$$= K_d^{\ominus}$$

此平衡常数（$K_d^{\ominus}$，配离子的不稳定常数）数值越大，说明该配离子越容易解离，越不稳定，因而此平衡常数称为不稳定常数。对于相同类型的配离子｛如$[Cu(NH_3)_4]^{2+}$、$[Zn(NH_3)_4]^{2+}$等｝，可以通过比较它们$K_d^{\ominus}$数值的大小来比较它们的稳定性。

$K_f^{\ominus}$称为配离子的稳定常数，表示配离子的稳定性，与不稳定常数互为倒数：

$$K_f^{\ominus} = (K_d^{\ominus})^{-1} \tag{3-20}$$

各种配离子的$K_d^{\ominus}$数值列于附录。值得注意的是，配离子的解离与多元弱酸类似，在溶液中也是分级解离。但是由于各级解离常数有时数值相差不是很大，因而要计算各级解离所解离出的离子的浓度比较困难。但可用调节溶液中配位体的浓度的方法（如加入一定量的配位体），以控制溶液中简单离子的浓度，此时计算简单离子浓度就比较容易了。

【例3-10】在50 g 0.2 mol·kg^{-1} AgNO$_3$溶液中加入等体积的1.0 mol·kg^{-1}的氨水，计算平衡时溶液中Ag$^+$的浓度。

解：因为等体积混合，所以初始浓度各为其半。建立如下关系：

$$Ag^+(aq) + 2NH_3(aq) \rightleftharpoons [Ag(NH_3)_2]^+(aq)$$

初始浓度/mol·kg^{-1}	0.1	0.5	0
浓度变化/mol·kg^{-1}	$-(0.1-x)$	$-2(0.1-x)$	$0.1-x$
平衡浓度/mol·kg^{-1}	x	$0.3+2x$	$0.1-x$

$$K_f^{\ominus} = (0.1-x)/x(0.3+2x)2$$

近似处理后得：

$$K_f^{\ominus} = 0.1/0.32x$$
$$x = 9.91 \times 10^{-8}$$

答：平衡时 $c(Ag^+) = 9.91 \times 10^{-8}$ mol·kg^{-1}。

2. 配离子解离平衡的移动

和所有的平衡体系一样，改变配离子的解离平衡条件（或改变中心离子浓度/改变配位体浓度），可使其平衡发生移动。如在深蓝色的[Cu(NH$_3$)$_4$]$^{2+}$溶液中加入 Na$_2$S 溶液，由于 CuS 难溶，很容易生成 CuS 沉淀，使溶液中的 Cu^{2+}浓度变小，因此平衡向解离方向移动，并使[Cu(NH$_3$)$_4$]$^{2+}$的蓝色变浅，其反应式如下：

$$[Cu(NH_3)_4]^{2+}(aq) \rightleftharpoons Cu^{2+}(aq) + 4NH_3(aq)$$
$$+$$
$$Na_2S(aq) \longrightarrow S^{2-}(aq) + 2Na^+(aq)$$
$$\Downarrow$$
$$CuS \downarrow$$

或

$$[Cu(NH_3)_4]^{2+}(aq) + S^{2-}(aq) \rightleftharpoons CuS \downarrow + 4NH_3(aq)$$

如果在[Cu(NH$_3$)$_4$]$^{2+}$溶液中加入酸，则加入的 H$^+$ 与 NH$_3$ 结合成更稳定的铵根离子 NH$_4^+$，溶液中 NH$_3$ 浓度减小，平衡也向解离方向移动，使[Cu(NH$_3$)$_4$]$^{2+}$溶液的深蓝色变浅，其反应式如下：

$$[Cu(NH_3)_4]^{2+}(aq) \rightleftharpoons Cu^{2+}(aq) + 4NH_3(aq)$$
$$+$$
$$4H^+(aq)$$
$$\Downarrow$$
$$4NH_4^+(aq)$$

即：

$$[Cu(NH_3)_4]^{2+}(aq) + 4H^+(aq) \rightleftharpoons Cu^{2+}(aq) + 4NH_4^+(aq)$$

一种配离子溶液中，由于另外一种形成体或配位体的加入，若能形成更稳定的配离子，则原配位平衡破坏，发生配离子间的转化。如下述配位平衡：

$$[HgCl_4]^{2-}(aq) + 4I^-(aq) \rightleftharpoons [HgI_4]^{2-}(aq) + 4Cl^-(aq)$$

根据多重平衡规则，此平衡的平衡常数：

$$K^{\ominus} = \frac{K_d^{\ominus}[HgI_4]^{2-}}{K_d^{\ominus}[HgCl_4]^{2-}}$$

$$= 6.76 \times 10^{29} / 1.17 \times 10^{15} = 5.78 \times 10^{14}$$

可见，转化是很彻底的。

3.5 氧化还原反应及氧化还原平衡

无机化学反应可分成两类，一类是反应过程中没有电子转移的反应，这是非氧化还原反应，如前文所讨论的一些离子互换反应。另一类是反应过程中有电子转移的反应，是氧化还原反应，这是本节所要研究的。所谓氧化还原反应，就是反应中有电子的转移，或者说某些元素的氧化数发生了变化。例如制造印刷电路板时用 $FeCl_3$ 腐蚀 Cu 的反应：

$$2FeCl_3 + Cu \longrightarrow CuCl_2 + 2FeCl_2$$

电化学是研究化学能与电能相互转换的科学。而这些转换也是通过氧化还原反应来实现的。和离子互换反应一样，氧化还原反应也是自然界中一类十分普遍的反应，与人类的生活、生产以及生命活动密切相关。人的一切生命活动如肌肉收缩、神经传导、物质代谢等均需要能量，这些能量主要是食物中糖类、脂肪类和蛋白质营养物在体内被氧化时所释放出的能量；金属的冶炼、许多新材料的制备、大规模集成电路的制造、人造卫星中高能化学电源的制造和使用、机械制造中精密仪器的电铸和电解加工等，都是在氧化还原反应的基础上实现的。

3.5.1 基本概念

1. 氧化值和化合价

氧化值又称为氧化数，是某元素一个原子的形式荷电数，其计算方法和结果与中学课本中的化合价相同。事实上氧化值与化合价是两个不同的概念。氧化值有人为的因素，如规定单质为零价，正常氧化物中氧为 -2 价，氧在过氧化物中通常为 -1 价，等等；并且氧化值有正负之分，可以是整数、分数，如 Fe_3O_3 中 Fe 氧化值为 $+8/3$。

2. 氧化还原反应方程式的配平

氧化还原反应方程式的配平方法有多种，有电子得失法、氧化值升降法、歧化反应倒配法、零价法、代数法等。但基本的出发点均是氧化值升降值相等。

配平原则：①电荷守恒。氧化剂得电子数等于还原剂失电子数。②质量守恒。反应前后各元素原子总数相等。

配平步骤：①用离子式写出主要反应物和产物（气体、纯液体、固体和弱电解质则写分子式）。②分别写出氧化剂被还原和还原剂被氧化的半反应。③分别配平两个半反应方程式，等号两边的各种元素的原子总数各自相等且电荷数相等。④确定两个半反应方程式得、失电子数目的最小公倍数。将两个半反应方程式中各项分别乘以相应的系数，使得、失电子数目相同。然后，将两者合并，就得到了配平的氧化还原反应的离子方程式。有时根据需要可将其改为分子方程式。

【例3-11】配平下面反应：

(1) $MnO_4^- + C_2O_4^{2-} \longrightarrow Mn^{2+} + CO_2$（酸性介质中）。

(2) $ClO^- + CrO_2^- \longrightarrow Cl^- + CrO_4^{2-}$（碱性介质中）。

解：

(1) 两个半反应为：

①$MnO_4^- + 8H^+ + 5e \longrightarrow Mn^{2+} + 4H_2O$；②$C_2O_4^{2-} - 2e \longrightarrow 2CO_2$。

由①式×2 + ②式×5得到配平后的反应方程式：

$$2MnO_4^- + 5C_2O_4^{2-} + 16H^+ \Longrightarrow 2Mn^{2+} + 10CO_2 + 8H_2O$$

(2) 两个半反应为：

①$ClO^- + H_2O + 2e \longrightarrow Cl^- + 2OH^-$；②$CrO_2^- + 4OH^- - 3e \longrightarrow CrO_4^{2-} + 2H_2O$。

①式×3 + ②式×2，消去重复项得到配平后的反应方程式：

$$3ClO^- + 2CrO_2^- + 2OH^- \Longleftrightarrow 3Cl^- + 2CrO_4^{2-} + H_2O$$

3.5.2 原电池和电极电势

1. 原电池

任何自发的氧化还原反应（$\Delta_r G_m < 0$）均为电子从还原剂转移到氧化剂的过程。例如将Zn片插入H_2SO_4溶液中，Zn与H_2SO_4便发生下列反应：

$$Zn(s) + 2H^+(aq) \Longleftrightarrow Zn^{2+}(aq) + H_2(g)$$

由于Zn和H_2SO_4直接接触，电子从Zn原子直接转移给H^+离子，因而得不到有序的电子流。随着氧化还原反应的进行，溶液温度将有所升高，即反应中放出的化学能转变为热能。

在图3-3的装置中，氧化和还原两个半反应分别在两个烧杯中进行，以避免电子的直接转移。在盛有$ZnSO_4$溶液的烧杯中放入Zn片，在另一烧杯中将镀有铂黑的铂片放入稀硫酸溶液中，并于25 ℃下不断通入纯氢气以使铂黑吸附达到饱和。用盐桥把两个烧杯联通起来，当接通外电路时，发现有电流通过。这种借助氧化还原反应将化学能直接转变成电能的装置称为原电池。

锌电极发生的反应是：

$$Zn(s) \rightleftharpoons Zn^{2+}(aq) + 2e^- \text{（负极被氧化）}$$

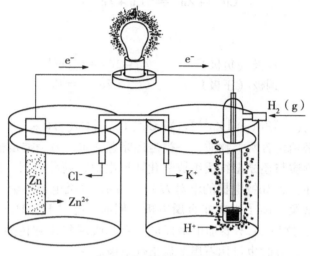

图 3-3　锌-氢原电池

其电子流向外电路的电极称为负极，所以这里 Zn 电极为负极（又因为发生氧化反应的叫阳极，所以 Zn 电极也叫阳极）。

氢电极发生的反应是：

$$2H^+(aq) + 2e^- \rightleftharpoons H_2(g) \text{ 正极（被还原）}$$

接受从外电路流入的电子的电极称为正极，所以这里氢电极为正极，电池总反应是将正、负极反应按得失电子相等的原则合并得到：

$$Zn(s) + 2H^+(aq) \rightleftharpoons Zn^{2+}(aq) + H_2(g)$$

盐桥通常是在 U 形管中装有含琼胶的饱和氯化钾溶液。在电池充、放电时，由于 K^+、Cl^- 离子定向移动起离子导电作用，同时保证两个半电池中溶液的电中性。

由上例可见，任何一个自发进行的氧化还原反应原则上都可以组成原电池。氧化剂与其对应的被还原的产物（如 H^+ 和 H_2）组成电池的正极，还原剂与其被氧化的产物（如 Zn 与 Zn^{2+}）组成电池的负极。原电池的装置也可用电池符号来表示，例如上述原电池的电池符号为：

$$(-)Zn \mid Zn^{2+}(c_1) \parallel H^+(c_2) \mid H_2(p), Pt(+)$$

　　　　　　界面　　　盐桥　　界面

习惯上把电池的负极写在左边，正极写在右边，以"｜"表示相界面，以

"∥"表示盐桥。一般需要标明反应物质的浓度或压力。

【例3-12】写出下列电池反应对应的电极反应和电池符号。

$$Cu^{2+} + Zn == Cu + Zn^{2+}$$

解：
电极反应：

$$锌极（负极）\quad Zn - 2e == Zn^{2+}$$
$$铜极（正极）\quad Cu^{2+} + 2e == Cu$$

电池符号：

$$(-)Zn(s) \mid Zn^{2+}(c_1) \parallel Cu^{2+}(c_2) \mid Cu(s)(+)$$

半电池中必须包含两类物质，一类是还原态物质，另一类是相应的氧化态物质。氧化态物质与还原态物质组成氧化还原电对，简称电对，以"氧化态/还原态"来表示。例如锌电极的电对为 Zn^{2+}/Zn，这类电极称金属电极。

非金属元素及其离子组成非金属电极。例如，电对 H^+/H_2，电极符号为"$H^+ \mid H_2$，Pt"，这里 Pt 不参加电极反应，只起吸附气体和传递电子的作用，所以叫惰性电极。有时也可用石墨等做惰性电极。

同一种金属的不同价态的离子也可组成氧化还原电极。

例如电对 Fe^{3+}/Fe^{2+}，电极符号为"$Pt \mid Fe^{3+}$，Fe^{2+}"；又如电对：MnO_4^-/Mn^{2+}，电极符号为"$Pt \mid MnO_4^-$，Mn^{2+}，H^+"。

2. 电极电势

原电池能够产生有序的电子流，这说明两电极之间存在电势差，即构成电池的两个电极的电势是不等的。

（1）电极电势的测定。

迄今为止，人们还无法测出电极电势电位的绝对值，通常是人为地选择某一电极的电势为标准，将其他电极与之比较测相对值，以此来衡量其他电极的电极电势，这个参比电极叫作标准电极。在水溶液电化学中，统一采用标准氢电极作为参比，规定其电极电势为零。

标准氢电极(简写成NHE)：Pt，$H_2(100 \text{ kPa}) \mid H^+(1 \text{ mol} \cdot L^{-1})$，它是将镀有铂黑的铂片，放入氢离子浓度为 $1 \text{ mol} \cdot L^{-1}$ 的硫酸溶液中，不断通入压力为 100 kPa 的纯氢气使铂黑吸附达到饱和，这样铂黑片就像是由氢气构成的电极一样，于是被铂黑吸附的 H_2 与溶液中 H^+ 建立如下的动态平衡：

$$2H^+(aq, 1 \text{ mol} \cdot L^{-1}) + 2e^- \rightleftharpoons H_2(g, 100 \text{ kPa})$$

这时人为规定其电极电势值为零，记作：

$$\varphi^{\ominus}(H^+/H_2) = 0(V)$$

式中：$\varphi^{\ominus}$——氢电极的标准电极电势，V。

欲测定某电极的电极电势，可将待测电极的半电池与标准氢电极半电池组成原电池，测出该原电池的电动势 E，即可算出待测电极相对于标准氢电极的电极电势，称为该电极的电极电势。因此，以后我们所用到的电极电势均是相对于"氢标"的电极电势。

电极电势的大小除了主要取决于电极物质的本性外，还与浓度（分压）和温度有关（但温度对其影响不大）。为了便于比较，规定组成电极的所有物质都在各自标准态下，温度通常为 25 ℃，所测得的电极电势叫该电极的标准电极电势，以 $\varphi^{\ominus}$ 表示。

例如，为测定锌电极的标准电极电势，可用标准锌电极：$Zn \mid Zn^{2+}(1 \text{ mol} \cdot L^{-1})$ 与标准氢电极 $Pt, H_2(100 \text{ kPa}) \mid H^+(1 \text{ mol} \cdot L^{-1})$ 组成原电池（如图3-4）。

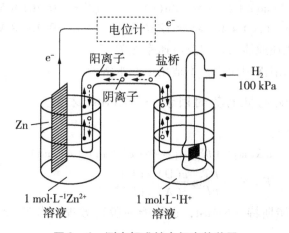

图 3-4　测定标准锌电极电势装置

规定待测电极（此处为锌电极）发生还原反应时，电极电势为正值。与标准氢电极组成电池的电动势为：

测得　　$E^{\ominus} = -0.761\,8 \text{ V}$　　　$E^{\ominus} = \varphi^{\ominus}_{(+)} - \varphi^{\ominus}_{(-)}$　　　(3-21)

所以　　$\varphi^{\ominus}(Zn^{2+}/Zn) = -0.761\,8 \text{ V}$

用同样的方法，可以测出其他所有电极的标准电极电势，如：$\varphi^{\ominus}(Cu^{2+}/Cu) = 0.341\,9 \text{ V}$，$\varphi^{\ominus}(MnO_4^-/Mn^{2+}) = 1.507 \text{ V}$，$\varphi^{\ominus}(H_2O_2/H_2O) = 1.776 \text{ V}$，$\varphi^{\ominus}(O_2/H_2O_2) = 0.695 \text{ V}$ 等。由此测得的电极电势，也叫还原电极电势。本书采用的即为还原电极电势。

我们把以标准氢电极为基准的各种电极的标准电极电势列在附录6中。在书写电极平衡式时，必须满足两边电荷数相等和原子数相等的原则。如：

$MnO_4^{2-}(aq) + 2H_2O(l) + 2e^- \rightleftharpoons MnO_2(s) + 4OH^-(aq)$　　　$\varphi^{\ominus} = 0.60 \text{ V}$

(2) 标准电极电势表。

在使用标准电极电势表时应注意以下问题:

1) 采用还原电势 (氧化态 + ne = 还原态)。
2) 离子活度为1,气体为标准压力。
3) 电极电势是强度性质,无加和性。

如:
$$\begin{array}{ll} Fe^{2+}(aq) + 2e^- \rightleftharpoons Fe(s) & \varphi_1^\ominus = -0.447 \text{ V} \\ +)\ Fe^{3+}(aq) + e^- \rightleftharpoons Fe^{2+}(aq) & \varphi_2^\ominus = +0.771 \text{ V} \\ \hline Fe^{3+}(aq) + 3e^- \rightleftharpoons Fe(s) & \varphi_3^\ominus = -0.037 \text{ V} \neq \varphi_1^\ominus + \varphi_2^\ominus \end{array}$$

4) $\varphi^\ominus$ 值与半电池反应的化学计量数无关。

$$\begin{array}{ll} Zn^{2+}(aq) + 2e^- \rightleftharpoons Zn(s) & \varphi^\ominus = -0.761\ 8 \text{ V} \\ 2Zn^{2+}(aq) + 4e^- \rightleftharpoons 2Zn(s) & \varphi^\ominus = -0.761\ 8 \text{ V} \end{array}$$

5) 表示氧化还原能力,与反应速率无关。
6) 只限于水溶液中使用,不适用于非水溶液。

3.5.3 影响电极电势的因素——Nernst 方程

对于任一反应:
$$aA(aq) + bB(aq) \rightleftharpoons dD(aq) + eE(aq)$$
$$E = E^\ominus - \frac{RT}{nF}\ln\frac{c(D)^d c(E)^e}{c(A)^a c(B)^b} \qquad (3-22)$$

这个方程叫能斯特(Nernst,也称能斯脱)方程,当 T = 298 K 时,能斯特方程为:

$$E = E^\ominus - \frac{0.059\ 2}{n}\lg\frac{c(D)^d c(E)^e}{c(A)^a c(B)^b}$$

$$E = E^\ominus - \frac{0.059\ 2}{n}\lg J \qquad (3-22')$$

由此可见,当反应产物浓度(或分压)增大时,电池的电动势减小;当反应物浓度(或分压)增大时,电池的电动势增大。

如:当 T = 298 K 时,Cu-Zn 原电池的能斯特方程为:
$$Zn(s) + Cu^{2+}(aq) \rightleftharpoons Zn^{2+}(aq) + Cu(s)$$
$$E = \varphi_{(+)}^\ominus - \varphi_{(-)}^\ominus - \frac{0.059\ 2}{n}\lg\frac{c(Zn^{2+})}{c(Cu^{2+})}$$

半电池反应的能斯特方程为:
$$\varphi = \varphi^\ominus + \frac{0.059\ 2}{n}\lg\frac{[\text{氧化型}]}{[\text{还原型}]} \qquad (3-23)$$

如：已知

$$MnO_2(s) + 4H^+(aq) + 2e^- \rightleftharpoons Mn^{2+}(aq) + 2H_2O(l) \quad \varphi^\ominus = 1.228 \text{ V}$$

$$\varphi = 1.228 + \frac{0.0592}{2}\lg\frac{\{c(H^+)\}^4}{c(Mn^{2+})}$$

【例 3-13】求 298 K 时金属锌放在 0.1 mol/L Zn^{2+} 溶液中的电极电势。

解：

$$Zn^{2+}(aq) + 2e^- \rightleftharpoons Zn(s)$$

$$\varphi = \varphi^\ominus + \frac{0.0592}{2}\lg c(Zn^{2+})$$

$$\varphi = -0.7628 + \frac{0.0592}{2}\lg 0.1$$

$$\varphi = -0.7628 - 0.0296$$

$$\varphi = -0.7924$$

答：298 K 时金属锌放在 0.1 mol/L Zn^{2+} 溶液中的电极电势为 -0.7924 V。

3.5.4 电极电势的应用

1. 计算原电池的电动势

原电池的电动势（E）是电池正极与负极的电势差，即：

$$E = \varphi_{(+)} - \varphi_{(-)} \tag{3-24}$$

标准状态时为：

$$E^\ominus = \varphi^\ominus_{(+)} - \varphi^\ominus_{(-)} \tag{3-24'}$$

将反应物中还原型物质和它的产物的电对作负极：

$$(-)Zn^{2+}(aq) + 2e^- = Zn(s)$$

将反应物中氧化型和它的产物的电对作正极：

$$(+)Cu^{2+}(aq) + 2e^- = Cu(s)$$

从附录 6 中查出相应的标准电极电势，求出电池电动势：

$$E^\ominus = \varphi^\ominus_{(+)} - \varphi^\ominus_{(-)} = 0.337 - (-0.7628) = 1.10 \text{ V}$$

2. 判断氧化剂、还原剂的相对强弱

电极电势代数值越小，电对中还原型物质的还原能力越强，氧化型物质的氧化能力越弱。电极电势代数值越大，电对中氧化型物质的氧化能力越强，还原型物质的还原能力越弱。

【例 3-14】已知：

$$\varphi^\ominus(Cl_2/Cl^-) = 1.136 \text{ V}$$

$$\varphi^\ominus(Fe^{3+}/Fe^{2+}) = 0.177 \text{ V}$$

$$\varphi^{\ominus}(Cu^{2+}/Cu) = 0.134 \text{ V}$$

所以，氧化型物质的氧化能力 $Cl_2 > Fe^{3+} > Cu^{2+}$，还原型物质的还原能力 $Cu > Fe^{2+} > Cl^-$。

在表 3-3 中，左下方的氧化态与右上方还原态物质可自发反应生成左上方和右下方的物质。如左下方的 H^+ 和右上方的 Zn，左下方的 Fe^{3+} 与右上方的 Sn^{2+} 均可自发反应各自生成左上方与右下方的物质。

表 3-3 氧化能力和还原能力与电极电势关系

电对	氧化态+ne^- ⇌ 还原态	电极电势/V
Li^+/Li	$Li^+(aq)+e^- \rightleftharpoons Li(s)$	-3.040 1
⋮		
Zn^{2+}/Zn	$Zn^{2+}(aq)+2e^- \rightleftharpoons Zn(s)$	-0.761 8
⋮		
H^+/H_2	$2H^+(aq)+2e^- \rightleftharpoons H_2(g)$	0
⋮		
Sn^{4+}/Sn^{2+}	$Sn^{4+}(aq)+2e^- \rightleftharpoons Sn^{2+}(aq)$	0.151
⋮		
Fe^{3+}/Fe^{2+}	$Fe^{3+}(aq)+e^- \rightleftharpoons Fe^{2+}(aq)$	0.771
⋮		
F_2/F^-	$F_2(g)+2e^- \rightleftharpoons 2F^-(aq)$	2.866

(氧化态的氧化能力增强 ↓，还原态的还原能力增强 ↑)

3. 用标准电极电势判断反应的方向

若 $E^{\ominus} > 0$，则反应自发正向进行，以符号"→"表示。

若 $E^{\ominus} < 0$，则反应逆向进行，以符号"←"表示。

应用标准电极电势判断反应方向，可以定量地标出水溶液中金属的活动顺序。因为：

$$\Delta_r G_m = -zFE \quad (3-25)$$

z 为转移的电子个数。

$$E < 0 \quad \Delta G > 0 \quad \text{反应正向非自发；}$$
$$E = 0 \quad \Delta G = 0 \quad \text{反应处于平衡状态；}$$
$$E > 0 \quad \Delta G < 0 \quad \text{反应正向自发。}$$

【例 3-15】试解释在标准状态下，$FeCl_3$ 溶液为什么可以溶解铜板？

$(-)\ Cu^{2+}(aq) + 2e^- \rightleftharpoons Cu(s) \quad \varphi^{\ominus} = 0.337 \text{ V}$

$(+)\ Fe^{3+}(aq) + e^- \rightleftharpoons Fe^{2+}(aq) \quad \varphi^{\ominus} = 0.770 \text{ V}$

对于反应：

$2Fe^{3+}(aq) + Cu(s) \rightleftharpoons 2Fe^{2+}(aq) + Cu^{2+}(aq)$

因为：$E^\ominus = \varphi^\ominus_{(+)} - \varphi^\ominus_{(-)} = 0.770 - 0.337 > 0$，所以反应向右自发进行。

所以 $FeCl_3$ 溶液可以氧化铜板。

4. 求标准平衡常数

自发进行的反应 $\Delta_r G^\ominus < 0$，而氧化还原反应自发进行是 $E > 0$。将这两种判断结合在一起考虑，得到自由能和电池电动势之间的关系如下（不要求推导过程）：

$$\Delta_r G^\ominus = -nFE^\ominus \qquad (3-26)$$

式中：$\Delta_r G^\ominus$——自由能变化（kJ）；

n——在反应中电子的转移数；

F——法拉第常数 96.487 $kJ \cdot V^{-1} \cdot mol^{-1}$；

$E^\ominus$——电动势（V）。

已经介绍过标准自由能变化和平衡常数的关系：

$$\Delta_r G^\ominus = -2.303RT\lg K^\ominus \qquad (3-27)$$

结合式（3-26）、（3-27）得：

$$nFE^\ominus = 2.303RT\lg^\ominus K$$

当 $T = 298.15\ K$，$R = 8.314\ J \cdot K^{-1} \cdot mol^{-1}$，$F = 6.487\ kJ \cdot V^{-1} \cdot mol^{-1}$，有：

$$\lg K = \frac{nE^\ominus}{0.0592} = \frac{n[\varphi^\ominus_{(+)} - \varphi^\ominus_{(-)}]}{0.0592} \qquad (3-28)$$

【例 3-16】求电池反应：$Zn(s) + Cu^{2+}(aq) \rightleftharpoons Zn^{2+}(aq) + Cu(s)$ 在 298 K 的平衡常数。

解：根据

$$E^\ominus = \varphi^\ominus_{(+)} - \varphi^\ominus_{(-)}$$
$$= 0.337\ V - (-0.7628\ V)$$
$$= 1.10\ V$$

$$\lg K = \frac{nE^\ominus}{0.0592} = \frac{2 \times 1.10}{0.0592} = 37.2$$

$$K^\ominus = 1.58 \times 10^{37}$$

答：平衡常数 $K = 1.58 \times 10^{37}$。

3.5.5 元素电势图及其应用

一些元素具有多种氧化态，为了直观地了解各氧化态之间的关系，把各氧化态之间所构成的电对的标准电极电势用图形表示出来，这种图形称作元素电势图，亦称还原电势图。

在元素电势图中，从左至右，元素的氧化态由高到低排列，两种氧化态之

间以直线连接,在直线上标明该电对的标准电极电势。例如,氯元素在酸性介质中的电势图为(图中数字单位为 V):

$$ClO_4^- \xrightarrow{1.119} ClO_3^- \xrightarrow{1.21} HClO_2 \xrightarrow{1.67} HClO \xrightarrow{1.63} Cl_2 \xrightarrow{1.358} Cl^-$$
$$\underset{1.47}{\underline{\qquad\qquad\qquad}}$$

氧元素在酸性介质中的电势图为:

$$O_2 \xrightarrow{0.692} H_2O_2 \xrightarrow{1.776} H_2O$$
$$\underset{1.229}{\underline{\qquad\qquad}}$$

H_2O_2 处于中间氧化态,因此,它既可以做氧化剂,又可以做还原剂。

在元素电势图中,如果某一氧化态物质与其右边低氧化态物质构成电对的标准电极电势 $\varphi_{(右)}^{\ominus}$,大于它与其左边高氧化态物质构成电对的标准电极电势 $\varphi_{(左)}^{\ominus}$,该氧化态物质就可能发生歧化反应,生成相邻的两种氧化态物质。反之,歧化反应不能自发进行,而歧化反应的逆反应可以自发进行。

【例 3-17】在酸性介质中,铁的元素电势图为:

$$Fe^{3+} \xrightarrow{0.771} Fe^{2+} \xrightarrow{-0.4089} Fe$$

判断 Fe^{2+} 能否歧化?

解:由于 $\varphi_{(右)}^{\ominus} < \varphi_{(左)}^{\ominus}$,$Fe^{2+}$ 不能发生歧化反应,但其逆反应可以自发进行:

$$2Fe^{3+}(aq) + Fe(s) = 3Fe^{2+}(aq)$$

该反应常用来稳定亚铁离子的水溶液,防止亚铁离子被氧化为铁离子。

复习思考题

1. 溶度积常数的意义是什么?离子积和溶度积有何区别?

2. 溶度积规则的内容是什么?使用时应注意什么问题?什么叫沉淀溶解平衡中的同离子效应、盐效应?

3. 哪些元素的离子或原子容易形成配合物中心体?哪些元素常作为配位原子?它们形成配合物时需具备什么条件?

4. 请标出下列各配合物的中心离子、配位体、中心离子氧化数、配位离子的电荷数及配合物名称:

①$K[AgI_2]$;②$[Cr(NH_3)_5Cl]SO_4$;③$Na_3[AlF_6]$;④$[Co(H_2O)_4(NH_3)_2]Cl_2$;⑤$[Cr(NH_3)_4Cl_2]Cl$;⑥$K_4[Fe(CN)_6]$;⑦$[CoCl_2(NH_3)_3(H_2O)]Cl$;⑧$PtCl_4(NH_3)_2$;⑨$Ni(CO)_4$;⑩$K_2[PtCl_6]$;⑪$Fe(CO)_5$。

5. 判断下列说法是否正确？

(1) 在一定温度下，改变溶液的 pH，水的标准离子积常数不变。

(2) 水的标准离子积常数与温度有关。

(3) 当 H_2O 的温度升高时，其 pH<7，但仍为中性。

(4) 两种难溶电解质，K_{sp} 大者，溶解度必定也大。

(5) AgCl 的 $K_{sp} = 1.76 \times 10^{-10}$，$Ag_3PO_4$ 的 $K_{sp} = 1.05 \times 10^{-10}$，在 Cl^- 和 PO_4^{3-} 浓度相同的溶液中，滴加 $AgNO_3$ 溶液，先析出 Ag_3PO_4 沉淀。

(6) 在一定温度下，AgCl 饱和溶液中 Ag^+ 及 Cl^- 浓度的乘积是常数。

(7) 沉淀转化的方向是由 K_{sp} 大的转化为 K_{sp} 小的。

(8) 难溶电解质的 $K_{sp}^{\ominus}$ 是温度和离子浓度的函数。

(9) 从理论上讲，凡是氧化还原反应都有可能组成原电池。

(10) 只要原电池两极的电极电势不相等，就能产生电动势。

(11) 电对相同的两个半电池，不能发生氧化还原反应，也不能组成原电池。

(12) 在一个原电池中，总是电极电势高的电对作正极，电极电势低的作负极。

(13) 盐桥中的电解质可保持两个半电池中的电荷平衡。

(14) 盐桥用于维持氧化还原反应的进行。

(15) 盐桥中的电解质不能参与电池反应。

(16) 电子通过盐桥流动。

6. 根据质子理论判断下列各分子或离子在水溶液中哪些是酸，哪些是碱，哪些是两性物质？

HS^-、CO_3^{2-}、$H_2PO_4^-$、NH_3、H_2S、HAc、OH^-、H_2O、NO_2^-

7. 写出下列碱的共轭酸的化学式：

SO_4^{2-}、S^{2-}、$H_2PO_4^-$、HSO_4^-、NH_3

8. 写出下列酸的共轭碱的化学式：

NH_4^+、H_2S、H_2SO_4、$H_2PO_4^-$、HSO_4^-

9. 计算下列溶液的 pH：

(1) $0.20\ mol \cdot L^{-1}\ NH_3$ 水与 $0.20\ mol \cdot L^{-1}\ HCl$ 等体积混合后的溶液。

(2) $0.20\ mol \cdot L^{-1}\ NH_3$ 水与 $0.20\ mol \cdot L^{-1}\ HAc$ 等体积混合后的溶液。

(3) $0.20\ mol \cdot L^{-1}\ NaOH$ 与 $0.20\ mol \cdot L^{-1}\ HAc$ 等体积混合后的溶液。

$K_b^{\ominus}(NH_3) = 1.79 \times 10^{-5}$；$K_a^{\ominus}(HAc) = 1.74 \times 10^{-5}$

(答案：5.13；7.01；8.88)

10. 在 0.10 mol·L^{-1} NH$_3$ 溶液中，加入 NH$_4$Cl 晶体，使其溶解后浓度为 0.20 mol·L^{-1}，求加入 NH$_4$Cl 前后，NH$_3$ 水中的 [OH$^-$] 及解离度。

(答案：1.34%；8.95×10^{-3}%)

11. PbCl$_2$ 在 0.130 mol·L^{-1} 的 Pb(Ac)$_2$ 溶液中的溶解度是 5.7×10^{-3} mol·L^{-1}，计算在同温度下 PbCl$_2$ 的 K_{sp}。

(答案：1.69×10^{-5})

12. 今有 0.20 mol·L^{-1} 的 NH$_3$·H$_2$O 和 2.00 L 0.100 mol·L^{-1} 的 HCl 溶液，若配制 pH=9.60 的缓冲溶液，在不加水的情况下，最多可配制多少 mL 缓冲溶液？其中 NH$_3$·H$_2$O 和 NH$_4^+$ 的浓度各为多少？

(答案：V=5.24 L；[NH$_3$·H$_2$O]=0.085 mol·L^{-1}；[NH$_4^+$]=0.038 mol·L^{-1})

13. 在 0.0015 mol·L^{-1} 的 MnSO$_4$ 溶液 10 mL 中，加入 0.15 mol·L^{-1} 氨水 5 mL，能否生成 Mn(OH)$_2$ 沉淀？如在上述 MnSO$_4$ 溶液中先加 0.49 g 固体 (NH$_4$)$_2$SO$_4$，然后再加 0.15 mol·L^{-1} 氨水 5 mL，是否有沉淀生成？

$K_{sp}^{\ominus}[Mn(OH)_2]=2.06\times10^{-14}$，$K_b^{\ominus}(NH_3·H_2O)=1.79\times10^{-5}$。

[答案：有 Mn(OH)$_2$ 沉淀生成；没有 Mn(OH)$_2$ 沉淀生成]

14. 若溶液中 Mg^{2+} 和 Fe^{3+} 浓度皆为 0.10 mol·L^{-1}，计算说明能否利用氢氧化物的分步沉淀使二者分离？

$K_{sp}^{\ominus}[Fe(OH)_3]=2.64\times10^{-39}$，$K_{sp}^{\ominus}[Mg(OH)_2]=5.66\times10^{-12}$。

(答案：pH 控制在 3.14～8.88 之间，即可使 Fe^{3+} 和 Mg^{2+} 分离)

15. 铁和过量的盐酸反应生成 Fe^{2+} 的化合物，而铁和过量的硝酸反应生成 Fe^{3+} 的化合物，为什么？

16. 计算 298 K 时，AgBr 在 1.0 L 1.0 mol·L^{-1} 的 Na$_2$S$_2$O$_3$ 溶液中的溶解度为多少？向上述溶液中加入 KI 固体，使 [I$^-$]=0.010 mol·L^{-1}（忽略体积变化），有无 AgI 沉淀生成？

$K_{sp}(AgBr)=5.38\times10^{-13}$，$K_f[Ag(S_2O_3)_2]^{3-}=2.9\times10^{13}$。

(答案：溶解度为 0.44 mol·L^{-1})

17. 计算下列反应的标准电动势 $E^{\ominus}$，反应在标准状态下是否自发？

(1) Zn(s) + Cu^{2+}(aq) ═══ Zn^{2+}(aq) + Cu(s)。

(2) Al^{3+}(aq) + Fe(s) ═══ Al(s) + Fe^{3+}(aq)。

(3) Ca(s) + 2H$_2$O(l) ═══ Ca^{2+}(aq) + 2OH$^-$(aq) + H$_2$(g)。

(4) 2Cu$^+$(aq) ═══ Cu(s) + Cu^{2+}(aq)。

18. 写出下列原电池的电极反应和电池反应，并计算电池的 $E^{\ominus}$。

(1) (−) Ni | Ni^{2+} ‖ Pb^{2+} | Pb (+)。

(2) $(-)Pt, Br_2 | Br^- \| Cl^- | Cl_2, Pt(+)$。

(3) $(-)Zn | Zn^{2+} \| Fe^{3+}, Fe^{2+} | Pt(+)$。

(4) $(-)Pt, Cl_2 | Cl^- \| MnO_4^-, Mn^{2+}, H^+ | Pt(+)$。

19. 下列反应在标准状态下是否自发？写出自发反应组成电池的电池符号：

(1) $Fe(s) + Cu^{2+}(aq) \Longrightarrow Fe^{2+}(aq) + Cu(s)$。

(2) $Fe^{2+}(aq) + Ag^+(aq) \Longrightarrow Fe^{3+}(aq) + Ag(s)$。

(3) $K_2Cr_2O_7 + 3SnSO_4 + 7H_2SO_4 \Longrightarrow K_2SO_4 + Cr_2(SO_4)_3 + 3Sn(SO_4)_2 + 7H_2O$。

(4) $2AgCl(s) + Cu(s) \Longrightarrow 2Ag(s) + Cu^{2+}(aq) + 2Cl^-(aq)$。

20. 下列哪一种是最强的氧化剂：①H_2O_2在$H^+(aq)$中；②Na；③O_2在$H^+(aq)$中；④H_2O_2在$OH^-(aq)$中；⑤Al。

21. 下列哪一种是最强的还原剂：①Zn；②Fe；③H_2；④Cu；⑤Ag。

22. 配平下列电极反应：

(1) $MnO_4^-(aq) \longrightarrow Mn^{2+}(aq)$（在酸性介质中）。

(2) $H_2SO_3(aq) \longrightarrow S(s)$（在酸性介质中）。

(3) $IO^-(aq) \longrightarrow I^-(aq)$（在碱性介质中）。

(4) $MnO_2(s) \longrightarrow Mn(OH)_2(s)$（在碱性介质中）。

23. 用离子-电子法配平下列氧化还原反应式：

(1) $Cr_2O_7^{2-} + Fe^{2+} \longrightarrow Cr^{3+} + Fe^{2+} + H_2O$（酸性介质中）。

(2) $Mn^{2+} + BiO_3^- + H^+ \longrightarrow MnO_4^- + Bi^{3+} + H_2O$。

(3) $H_2O_2 + MnO_4^- + H^+ \longrightarrow O_2 + Mn^{2+} + H_2O$。

24. 已知$\varphi^\ominus(H_3AsO_4/H_3AsO_3) = 0.559$ V，$\varphi^\ominus(I_2/I^-) = 0.535$ V，试计算下列反应：

$$H_3AsO_3 + I_2 + H_2O \Longrightarrow H_3AsO_4 + 2I^- + 2H^+$$

在298 K时的平衡常数。如果pH=7，反应朝什么方向进行？

(答案：0.15；反应逆向进行)

第4章　原子结构与元素周期系

> **学习要求**
> 1. 了解氢原子光谱、能量量子化、光子学说、玻尔的氢原子模型、微观粒子的波粒二象性、物质波假设和测不准原理等基本概念。
> 2. 掌握4个量子 n、l、m、m_s 的物理意义及取值。
> 3. 熟练掌握能级、原子轨道与波函数、氢原子及多电子原子的原子轨道能级的高低相关知识。
> 4. 掌握多电子原子核外电子排布三原则。
> 5. 多电子原子核外电子构型、价层电子构型等。
> 6. 理解并掌握元素周期表与核外电子构型的关系。
> 7. 掌握核外电子构型与元素的原子半径、电离能、电子亲和能和电负性变化规律之间的联系。
> 8. 能根据元素的周期律，比较、判断主族元素单质及其化合物的性质差异。

随着科学技术的飞速发展，当今世界正发生着日新月异的变化，从利用原子核能的释放建立核电站，到利用计算机网络建立信息高速公路，以及20世纪70年代"基因克隆"技术的兴起等。这些巨变都源于微观粒子——原子的发现。众所周知，世界是物质的，物质的性质是由组成物质的分子性质决定的，分子是由原子构成的。因此，要认识物质世界，研究物质的性质，首先必须了解原子的内部结构。

4.1　核外电子的运动状态

人们对原子、分子的认识要比对宏观物体的认识艰难得多。因为原子和分子过于微小，人们只能通过观察宏观实验现象，经过推理去认识它们，一般是根据实验事实提出原子和分子的理论模型，如果设想的模型不符合新的实验事实，就必须修改，甚至摒弃旧的模型，再创建新的模型。

近代原子结构量子力学模型理论的建立，大体上经历了以下四个重要阶段：道尔顿"原子说"、汤姆逊发现带负电荷的原子、卢瑟福"天体行星模型"、玻尔原子模型。

1803 年，英国的一所教会学校教师道尔顿（J. Dalton）建立了"原子说"，认为一切物质都是由不可再分割的原子组成。1897 年，英国物理学家汤姆逊（J. J. Thomson）通过电场中阴极射线的偏转，发现了带有负电荷的电子，从而打破了原子不可分割的观点。人们对物质结构的认识开始进入了一个重要发展阶段。

1911 年，英国物理学家卢瑟福（E. Rutherford）借助一个放射源，进行用 α 粒子轰击金箔的散射实验，发现了原子核，从而提出了最早的原子结构模型，即"天体行星模型"。在这个模型中，把微观的原子看成"太阳系"，带正电的原子核好比"太阳"，把电子描述为在绕核的固定轨道上运动，就像行星绕着太阳运动一样。但这个模型不能说明原子核中的正电荷数，以及原子可以发射出频率不连续的线状光谱这一事实。（见图 4-1）

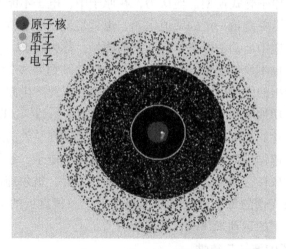

图 4-1　原子的组成示意

1913 年，年轻的丹麦物理学家玻尔（N. Bohr）在研究氢原子光谱产生的原因中，在经典力学的基础上，吸收了量子论和光子学理论建立了玻尔原子模型，取代了卢瑟福的"天体行星模型"。玻尔原子模型成功地解释了氢原子的线状光谱，但仍无法解释电子的波粒二象性所产生的电子衍射实验结果以及多电子体系的光谱。像电子这样的微观粒子不能用经典力学来描述，它必将被新的原子结构模型所取代。

20 世纪 20 年代，随着科学技术的发展，用量子力学来描述微观粒子具有量子化特性和波粒二象性得到了满意的结果，从而建立了近代原子结构的量子力学模型理论，不可否认，卢瑟福的天体行星模型和玻尔原子模型对原子结构理论的发展做出了重要贡献。

值得一提的是，近代量子力学所描述的原子结构也是一种模型，这种模型对物质的性质、化学变化的机理只是提出了一个合理的令人满意的解释。但是，随着 21 世纪高科技的深入发展，原子内部的秘密必将被揭开，可以肯定地说，这个模型必将被新的模型所替代。

4.1.1 核外电子的运动特征

1. 玻尔理论

1913 年，丹麦物理学家玻尔（N. Bohr）继卢瑟福（Rutherford）的核原子模型后，提出了原子壳式模型。他认为，在原子中，电子不能沿着任意的轨道绕核旋转，只能沿着能量一定的轨道运动，也就是说，原子轨道的能量是量子化的；在一定轨道中运动的电子具有一定的能量，称为定态。处于定态的电子既不吸收能量，也不发射能量；当电子从一个定态跳到另一个定态时，会放出或吸收能量；放出的能量以光子的形式释放出来，因此产生原子光谱。

玻尔理论成功地解释了氢原子和类氢离子（He^+、Li^{2+}、Be^{3+}）光谱。但是，玻尔理论是建立在牛顿力学的基础上，认为电子在核外的运动就像行星围绕太阳转那样会遵循经典力学的运动定律，但实际上电子、原子等微观粒子的运动具有波粒二象性，遵循其特有的运动规律。因此，玻尔理论在解释氢光谱的精细结构（氢光谱的每条谱线实际上是由若干条很靠近的谱线组成）及多电子原子核外电子的运动规律时，便无能为力了。

2. 微观粒子的波粒二象性

爱因斯坦为解释光电效应提出了光子学说，即光不仅具有波动性，而且具有粒子性，呈波粒二象性。

1924 年，25 岁的德布罗意（Louis Victor de Broglie）受到光的波粒二象性的启发，大胆提出了电子、原子、分子等实物微粒也具有波粒二象性。且一个质量为 m，运动速度为 v 的电子，其物质波的波长 λ 与其动量 P 之间存在如下关系式（h 为普朗克常数）：

$$P = mv = \frac{h}{\lambda} \tag{4-1}$$

这意味着质量为 m、运动速度为 v 的物质具有波长为 λ 的波动性。根据德布罗意的假设，立即可预测速度为 106 m·s^{-1} 的电子运动的波长：

$$\lambda = \frac{h}{mv} = \frac{6.63 \times 10^{-34}}{9.11 \times 10^{-31} \times 10^6} = 728 \text{ pm}$$

这个波长属于 X 射线波长范围。在德布罗意假设提出 3 年之后的 1927 年，由 Davission 和 Thomson 的电子衍射实验证实了电子具有波动性。当一束电子以一定的速度穿过晶体投射到照相底片上时，由于晶体起着光栅的作用，在底片上得到的不是一个点，而是一系列明暗相间的衍射环纹。根据电子衍射图计算得到的电子射线的波长与德布罗意关系式预期的波长完全一致。实验完全证实了实物微观粒子有波动性的结论。因此，人们称微观粒子所具有的波为 de Broglie 波或物质波。(见图 4-2)

 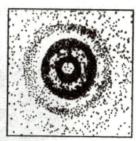

（a）实验时间不长　　　（b）实验时间较长

图 4-2　电子衍射实验结果示意

4.1.2　原子轨道与电子云

1. 原子轨道

量子力学是用波函数（ψ）来描述核外电子的运动状态，即薛定谔方程：

$$\frac{\partial^2 \psi}{\partial x^2} + \frac{\partial^2 \psi}{\partial y^2} + \frac{\partial^2 \psi}{\partial z^2} + \frac{8\pi^2 m}{h^2}(E - V)\psi = 0 \tag{4-2}$$

这是一个二阶偏微分方程。它指质量为 m、离原子核的距离为 r 的电子的总能量 E 由两大项构成：动能项（方程式左边第一大项：$\frac{\partial^2 \psi}{\partial x^2} + \frac{\partial^2 \psi}{\partial y^2} + \frac{\partial^2 \psi}{\partial z^2}$）和势能项 [方程式左边后一项：$\frac{8\pi^2 m}{h^2}(E - V)\psi$] 组成。这个薛定谔方程是可以精确求解的，但求解过程复杂，在本课程内不介绍。

方程中一个波函数就代表一种微观粒子的运动状态并对应一定的能量值，以表示原子中电子运动状态，所以波函数也称为原子轨道。但这里所说的轨道和经典力学中的轨道概念有着本质的区别，经典力学中的轨道是指具有某种速度，可以确定运动物体任意时刻所处位置的轨道。量子力学中的原子轨道不是某种确定的轨道，而是原子中一个电子的可能空间运动状态，包含电子所具有的能量、离核的平均距离、几率密度分布等。描述核外电子不用轨迹，也无法确定它的轨迹，但可以用几率来描述。

2. 电子云

原子轨道 ψ 在空间的变化，不表明电子运动的轨迹。若要形象地理解原子轨道，应该用电子云图——$|\psi|^2$ 在空间的分布，即电子在空间出现的几率密度的分布图。为了形象地表示核外电子运动的几率分布情况，化学上习惯用小黑点分布的疏密来表示电子出现几率密度的相对大小。小黑点密的地方，代表几率密度大，单位体积内电子出现的机会多。用这种方法来描述电子在核外出现的几率密度分布所得的空间图像称为电子云。（见图 4-3）

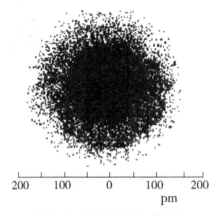

图 4-3　氢原子的 1s 电子云

必须指出，黑点的数目并不代表电子的数目，而是表示一个电子的许多可能的瞬间位置。电子云只是电子行为具有统计性的一种形象的描述。从图中可看出，在离核近的地方，尤其是在半径为 53 pm 的球内，电子出现的几率密度大，几率密度随电子离核距离的增大而减少，在离核 200 pm 以外的区域，电子出现的几率较少。

4.1.3 描述电子运动状态的量子数

1. 主量子数（n）

主量子数决定电子在核外出现几率最大区域离核的平均距离，也是决定轨道能级的主要量子数。单电子原子轨道的能级完全由 n 决定。

n 只能取 1、2、3 等正整数。n 值越大，电子离核的平均距离越远，能量越高。一个 n 值表示一个电子层，n 值与对应电子层的光谱符号关系见表 4-1。

表 4-1　主量子数与光谱符号对应关系

n	1	2	3	4	5	6	…
主层（电子层）	1	2	3	4	5	6	…
光谱符号	K	L	M	N	O	P	…

2. 角量子数（l）

角量子数是决定轨道形状的量子数，每种 l 值表示一类轨道形状。其取值与 n 有关，l 值可以取从 0 到 $(n-1)$ 的正整数。如当 $n=1$ 时，l 取 0 一个值，当 $n=3$ 时，l 取 0、1、2 三个值。l 与对应轨道的光谱符号关系见表 4-2。

表 4-2　角量子数与光谱符号对应关系

n	1	2		3			4				…
l	0	0	1	0	1	2	0	1	2	3	…
原子轨道	1s	2s	2p	3s	3p	3d	4s	4p	4d	4f	…

当 n 相同 l 不同时，说明同一电子层中轨道形状不同，此时 l 值越大的电子，其能量越高：

$$E_{ns} < E_{np} < E_{nd} < E_{nf}$$

n、l 相同的电子，处于同一能量状态。

在多电子原子中，原子轨道的能级是由 n 和 l 共同决定的。

s 轨道，轨道形状球形对称；p 轨道，形状为哑铃形；d 轨道，形状为花瓣形。具体见图 4-4、图 4-5。

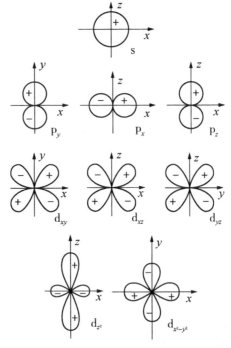

图 4-4　s、p、d 原子轨道形

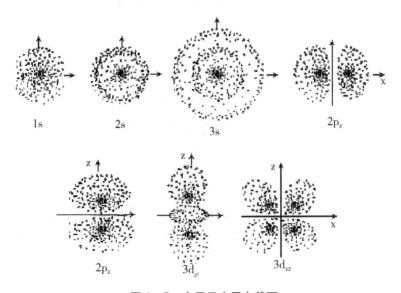

图 4-5　电子云小黑点截面

3. 磁量子数（m）

不同电子层中，只要角量子数相同，原子轨道形状就相同，但同一个角量子数的轨道在空间有不同的伸展方向。磁量子数就是决定原子轨道在空向伸展方向的量子数。一种伸展方向就是一个轨道。（表4-3）

m 的取值：$m = 0$，± 1，± 2，$\cdots$，$\pm l$，共有 $(2l+1)$ 个取值。

l、m 的取值与轨道符号的对应关系为：

$l = 0$ 时，$m = 0$，可组成一个 s 原子轨道。

$l = 1$ 时，$m = 0$，± 1，可组成 p_x、p_y 或 p_z 三个原子轨道。

$l = 2$ 时，$m = 0$，± 1，± 2，可组成 d_{xy}、d_{yz}、d_{xz}、$d_{x^2-y^2}$、d_{z^2} 五个原子轨道。通常把 n、l、m 都确定的电子运动状态称为一个特定的原子轨道。

通常认为磁量子数不影响轨道的能量，即 n 和 l 相同的几个原子轨道如 $3p_x$，$3p_y$，$3p_z$ 三个轨道能量是等同的，这样的轨道称为等价轨道或简并轨道。

表4-3 各电子层轨道数

n	l	轨道	m	轨道数
1	0	1s	0	1
2	0	2s	0	1
2	1	2p	+1, 0, -1	3
3	0	3s	0	1
3	1	3p	+1, 0, -1	3
3	2	3d	+2, +1, 0, -1, -2	5
4	0	4s	0	1
4	1	4p	+1, 0, -1	3
4	2	4d	+2, +1, 0, -1, -2	5
4	3	4f	+3, +2, +1, 0, -1, -2, -3	7

4. 自旋量子数（m_S）

电子除绕核运动外，还要绕自身的轴旋转。为了描述核外电子的自旋状态，需引入第四个量子数——自旋量子数 m_S，其与原子轨道无关。电子的自旋方向有两种：顺时针方向和逆时针方向，所以 m_S 的取值有两个：+1/2 和 -1/2。通常用向上和向下的箭头"↑""↓"表示电子不同的自旋状态。

所以要描述一个电子在核外的运动状态必须同时用4个量子数。前3个量子数描述电子的空间状态——轨道，而后一个量子数描述了电子的自旋状态。

4个量子数完全确定了，相应电子运动状态便确定了。4个量子数可以指明在核外第几层的第几亚层，在何种伸展方向上（即何种轨道上）运动，同时电子的自旋方向如何。

4.1.4 多电子原子轨道的能级——鲍林近似能级图

美国化学家鲍林（L. Pauling）光谱实验数据，总结出了多电子原子的原子轨道能级近似图，如图4-6所示。图中，每一个圆圈表示一个原子轨道，它所在位置的高低即表示其能级的相对高低。

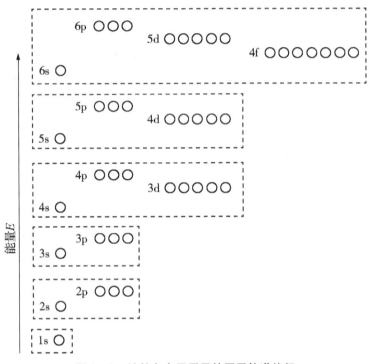

图4-6 鲍林多电子原子的原子轨道能级

从上图可以看到，多电子轨道能级发生了交错现象，这是由于发生了屏蔽效应和钻穿效应。不同轨道电子云密集于核外的距离不同，1s电子离核最近，因此，它将有效地屏蔽原子核对其他轨道电子的作用。反之，处于其他轨道的电子对1s电子的屏蔽则显得不大有效，甚至无效。核外的其他电子的存在减小了核对指定电子的吸引力，这种现象被称为屏蔽效应。粗略地讲，对于多电子体系中指定的某个电子而言，由于其他轨道上的电子对核的屏蔽作用，使核对该电子的吸引力减小，就好像核电荷减小了一样，此外，多电子原子中 n 较大的原子轨道,如4s轨道的电子有相当的几率出现在核附近,好似钻入内部,部分地回避了($n-1$)层的原子轨道,如3d轨道的电子对它的屏蔽作用,却又反过来削弱了这3d电子所受的核的吸引力。这就导致了多电子原子体系中n较小的3d电子的能量略高于n较大的4s电子的能量。这种现象称为钻穿效应。这样我们又进一步说明了多电子原子各电子的能量应由主量子数n与角量子数l共同来决定。

4.2 原子核外电子排布与元素周期律

4.2.1 基态原子核外电子排布

1. 排布原则

根据实验结果和量子力学理论,科学家提出基态原子核外电子排布要遵循三个原则。

(1) 泡利不相容原理:在一个原子中,不可能存在4个量子数完全相同的两个电子,或者说,一个原子轨道最多只能容纳两个自旋相反的电子。

由于各电子层的轨道数为n^2,则每一电子层最多可容纳$2n^2$个电子。

(2) 能量最低原则:在不违背泡利不相容原理的前提下,核外电子在各原子轨道上的排布方式应使整个原子的能量处于最低状态。

原子核外电子排布次序为:

(1s)(2s 2p)(3s 3p)(4s 3d)(4s 3d 4p)(5s 4d 5p)(6s 4f 5d 6p)(7s 5f 6d 7p)

(3) 洪特规则:电子在进入能量相同的轨道(简并轨道)时,总是尽可能分占不同轨道,并且自旋平行;当简并轨道上全空、半满、全满时较稳定。

2. 核外电子排布

元素基态原子的核外电子排布,有如下规律:①原子的最外电子层最多只能容纳8个电子(第一电子层为最外层只能容纳2个电子);②次外电子层最多只能容纳18个电子(若次外层$n=1$或2,最多只能有2或8个电子);③原子的外数第三层最多只有32个电子(若该层$n=1$、2、3,则最多只能有2、8、18个电子)。

核外电子排布表示方法有下面三种。

(1) 电子排布式。

【例4-1】原子序数为7和35的元素的核外电子排布式是什么?

N $1s^2 2s^2 2p^3$

Br $1s^2 2s^2 2p^6 3s^2 3p^6 4s^2 3d^{10} 4p^5$

但习惯仍按主量子数递增顺序写出,即:
$$Br \quad 1s^22s^22p^63s^23p^63d^{10}4s^24p^5$$

为了书写上的方便,经常用"原子实(芯)"代替部分内层电子排布,即:
$$N \ [He] \ 2s^22p^3$$
$$Br \ [Ar] \ 3d^{10}4s^24p^5$$

常把内层已达到稀有气体的电子结构,用该稀有气体符号加上方括弧表示,称为原子实(芯)。这种方法最常用。

(2) 轨道表示式。

用↑或↓表示电子及自旋方向,用方框或圆圈表示轨道,简并轨道连在一起来表示核外电子排布。例如氮原子:

N ↑↓   ↑↓   ↑ ↑ ↑
   1s   2s   2p

(3) 4个量子数表示法。

【例 4-2】N 原子用 4 个量子数表示则是:

$n=1$	$l=0$	$m=0$	$m_s = = +\frac{1}{2}$	1s 上的 2 个电子
$n=1$	$l=0$	$m=0$	$m_s = = -\frac{1}{2}$	
$n=2$	$l=0$	$m=0$	$m_s = = +\frac{1}{2}$	2s 上的 2 个电子
$n=2$	$l=0$	$m=0$	$m_s = = -\frac{1}{2}$	
$n=2$	$l=1$	$m=0$	$m_s = = +\frac{1}{2}$	
$n=2$	$l=1$	$m=+1$	$m_s = = +\frac{1}{2}$	2p 上的 3 个电子
$n=2$	$l=1$	$m=-1$	$m_s = = +\frac{1}{2}$	

4.2.2 原子结构和元素周期系

1. 元素周期表

元素周期表中目前有 1 个特短周期(2 种元素)、2 个短周期(8 种元素)、2 个长周期(18 种元素)、1 个特长周期(32 种元素)和 1 个未完成周期(第 7 周期),各周期元素数目等于从 ns^1 开始到 np^6 结束各轨道所能容纳电子总数,见表4-4。

表4-4 各周期元素数目与原子结构的关系

周期	元素数目	相应的转道				容纳电子总数
1	2	1s	—	—	—	2
2	8	2s	—	—	2p	8
3	8	3s	—	—	3p	8
4	18	4s	—	3d	4p	18
5	18	5s	—	4d	5p	18
6	32	6s	4f	5d	6p	32
7	未满	7s	5f	6d	—	未满

周期表中的周期和族与原子结构有关:
周期数 = 电子层层数 = 最大主量子数(n)值。
主族元素族数 = 最外电子层(n最大的电子层)的电子数。
多数副族元素族数 = 最外电子层电子数 + 次外层亚层上电子数。
主族元素的最外层、副族元素的最外层 + 次外层的亚层通常称为价电子层。(表4-5)

表4-5 族数与价电子层结构的关系

族数	价电子层	价电子层构型	实例		
			价电子层上电子数	属	最高氧化值
ⅠA	外层	ns^1	$2s^1$, $3s^1$	ⅠA	+1
ⅡA	外层	ns^2	$2s^2$, $3s^2$	ⅡA	+2
ⅢA~ⅦA	外层	$ns^2 - np^{1\sim6}$	$3s^2 3p^1$, $3s^2 p^4$	ⅢA, ⅥA	+3, +6
ⅠB	次外层 + 外层	$(n-1)d^{10}ns^1$	$4d^{10}5s^1$	ⅠB	+1, 有例外
ⅡB	次外层 + 外层	$(n-1)d^{10}ns^2$	$3d^{10}4s^2$	ⅡB	+2
ⅢB~ⅦB	次外层 + 外层	$(n-1)d^{1\sim6}ns^{1\sim2}$	$3d^1 4s^2$, $3d^5 4s^2$	ⅢB, ⅦB	+3, +7
ⅧB 较复杂	次外层 + 外层	$(n-1)d^{6\sim9}ns^{1\sim2}$ 电子数 $8\sim10$个(除pd $4d^{10}$外)	$3d^6 4s^2$, $3d^7$ $4s^2 5d^9 4s^1$	ⅧB	只有Ru、Os 可达 +8

要特别注意，ⅠB、ⅡB族与ⅠA、ⅡA族的主要区别在于：ⅠB、ⅡB族次外层d轨道上电子是全满的，而ⅠA、ⅡA族从第四周期开始元素才出现次外层d轨道，且还未填充电子。

按元素原子的价电子构型，将周期表分为5个区，如图4-7：

s区：$ns^{1~2}$，对应ⅠA、ⅡA。P区：$ns^2np^{1~6}$，对应ⅢA～ⅦA和0族。d区：$(n-1)d^{1~9}ns^{1~2}$，对应ⅢB～ⅧB。ds区：$(n-1)d^{10}ns^{1~2}$，对应ⅠB、ⅡB。f区：$(n-1)d^{10}ns^{1~2}$，对应镧系、锕系。

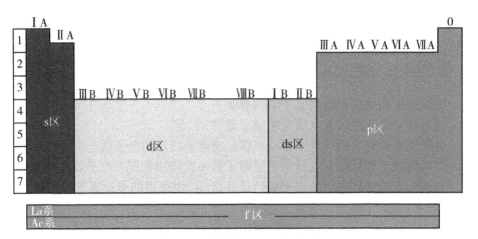

图4-7 周期表中元素的分区

4.3 元素基本性质的周期性变化

原子的结构决定了元素的性质。原子的电子层结构随着原子序数的递增呈现周期性变化，导致元素的某些性质，如原子半径、电离势、电负性、金属性等性质，也呈现周期性变化。

4.3.1 原子半径

因电子没有确定的轨道，只是其在核外出现的概率分布不同，所以单个原子不存在明确的界面。所谓原子半径是根据相邻原子的核间距测出的，而相邻原子成键的情况不尽相同，所以有不同的原子半径定义。原子半径常用的有三种，即共价半径、范德华半径和金属半径。

1. 共价半径

同种元素的两个原子以共价单键连接时，其核间距的一半叫作该原子的共价半径。例如 Cl_2 中两个氯原子核间距为 198.8 pm，所以氯原子的共价半径为 $1/2 \times 198.8 = 99.4$ pm。对于给出的如果是共价双键或共价三键结合的共价半径，必须加以注明。（图 4-8）

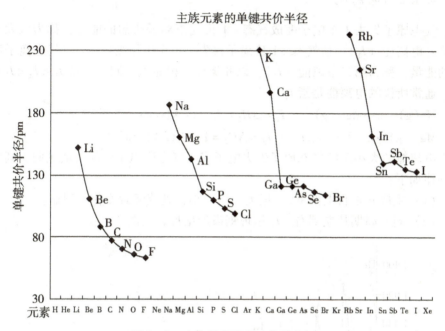

图 4-8 主族元素的单键共价半径

2. 范德华半径

在分子晶体中，相邻分子间两个邻近的非成键原子的核间距离的一半称为范德华半径，也称为分子接触半径。

在讨论原子半径在周期系中的变化时，我们采用的是共价半径。而稀有气体（ⅧA 族元素）通常为单原子分子，只能用范德华半径。

3. 金属半径

将金属晶体看成由球状的金属原子堆积而成，则在金属晶体中，相邻的两个接触原子它们的核间距离的一半称该原子的金属半径。

通常情况下，范德华半径都比较大，而金属半径比共价半径大一些。在比较元素的某些性质时，原子半径取值最好用同一套数据。

原子半径在周期表中的变化规律可归纳为：

（1）同一主族自上而下半径增大（因为电子层数增多的缘故），同一副族自上而下半径一般也增大，但增幅不明显。

（2）同一周期从左到右，半径逐渐减小，但主族元素比副族元素减小的幅度要大得多。

4.3.2 电离能

气态原子失去 1 个电子变成气态 +1 价气态离子所需的能量，称为该元素的第一电离能（I_1）。从气态 +1 价离子再失去 1 个电子变成 +2 价气态离子所需的能量，称为第二电离能（I_2），以此类推。很显然，同一元素 $I_1 < I_2 < I_3 < \cdots$。通常所说的电离能是指 I_1。

$$Mg(g) - e \rightarrow Mg^+(g) \qquad I_1 = \Delta H_1 = 73\ 717\ kJ \cdot mol^{-1}$$
$$Mg^+(g) - e \rightarrow Mg^{2+}(g) \qquad I_2 = \Delta H_2 = 145\ 017\ kJ \cdot mol^{-1}$$

电离能的大小反映气态原子失去电子成为气态阳离子的能力或倾向，其变化规律如下：

（1）主族元素自上而下，r 增大，I_1 减小，副族元素变化不明显。

（2）同一周期从左到右，I_1 呈现锯齿形增加，见图 4-9。

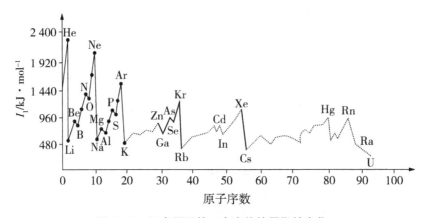

图 4-9 元素原子第一电离能的周期性变化

以第二周期为例，出现了 Be、N 两个折点，这是因为 Be 和 N 的电子构型分别为 $1s^2 2s^2$、$1s^2 2s^2 2p^3$，分别失去 2s 和 2p 上的电子，而 Be 为全满结构，N 原子的 2p 为半满结构，均为较稳定的状态，所以所需能量较高。

4.3.3 电子亲合能

气态原子得到一个电子形成气态 -1 价离子时所放出的能量称为该元素的第一电子亲合能 (E_1)。E_1 反映了该元素的气态原子得到 1 个电子成为气态 -1 价离子的倾向大小，目前数据较少。其变化规律为：

（1）同一主族自上而下 E_1 逐渐减小。但 VA～ⅦA 的第一个元素 N、O、F 并非该族中最大。这是因为这类原子半径特别小，电子云密度大，对外来电子有较强的排斥作用，难以接受电子，接受电子时放出能量小。

（2）同一周期从左到右 E_1 逐渐增大，但第 VA 族元素的原子由于价电子层为较稳定的半满结构，结合电子能力不强，放出能量小。

4.3.4 电负性

电负性 (χ) 是指分子内原子吸引电子的能力。电负性的绝对值无法确定，因此鲍林规定元素 F 的电负性为 4.0。其变化规律如下：

（1）同一主族自上而下逐渐减小，副族不规则。

（2）同一周期从左到右逐渐增大。

4.3.5 元素的金属性和非金属性

元素的金属性和非金属性是指其原子在化学反应中失去和得到电子的能力。在化学反应中，某元素原子若容易失去电子而转变为阳离子，则其金属性就强；反之，若容易得到电子而转变为阴离子，则其非金属性就强。通过电离能和电负性的数据，我们就可以比较出元素金属性或非金属性的强弱。因此，同一周期，自左往右，元素的金属性逐渐减弱，非金属性逐渐增强；同一族，从上往下，元素的金属性逐渐增强，非金属性逐渐减弱。

复习思考题

1. 简述玻尔原子模型的要点及特点。氢原子光谱实验证实了什么？电子的衍射实验证实了什么？

2. 量子力学中与玻尔模型中的原子轨道的含义有何差异？4 个量子数的物理意义、取值范围和规定各是什么？

3. 解释微观粒子的波粒二象性。电子波与电磁波有什么不同？为什么说玻尔原子模型理论是错误的？

4. 电子填充在原子轨道时遵循哪些原则？

5. 下列说法是否正确?

(1) s 电子绕核运动时,其轨道是一个圆圈,而 p 轨道上的电子是按"∞"字形运动的。

(2) 电子云是指对核外电子出现的几率大小用统计方法作形象化描述。

(3) 当主量子数为 2 时,有自旋相反的 2 个轨道。

(4) 当 n、l 确定时,该轨道的能量也基本确定,通常我们称之为能级,如 2s、3p 能级等。

(5) 当主量子数为 4 时,共有 4s、4p、4d、4f 这 4 个轨道。

(6) 当角量子数为 1 时,有 3 个等价轨道;当角量子数为 2 时,有 5 个等价轨道。

(7) 每个原子轨道只能容纳 2 个电子,且自旋方向相同。

6. 基态原子价层电子排布满足下列条件之一的是哪一类或哪一个元素?

(1) 具有 2 个 p 电子。

(2) 有 2 个量子数为 $n=4$、$l=0$ 的电子,有 6 个量子数为 $n=3$、$l=2$ 的电子。

(3) 3d 为全充满,4s 只有 1 个电子的元素。

7. 多电子原子的轨道能级与氢原子的能级有何不同?主要原因何在?

8. 下列电子运动状态是否存在?为何?

(1) $n=1$,$l=1$,$m=0$。

(2) $n=2$,$l=0$,$m=+1$。

(3) $n=3$,$l=3$,$m=+3$。

(4) $n=4$,$l=3$,$m=-2$。

9. 某元素有 13 个电子填充在第 V 能级组,用 4 个量子数表示其中能量最高的 3 个电子的运动状态。

10. 默填下表:

原子序数	电子结构	价电子构型	周期	族	区
	[Ne] $3s^2 3p^6$				
		$4d^5 5s^1$			
51					
			6	ⅡB	

11. 根据元素周期表中的位置,比较下列两组元素中的原子半径、电离能、电负性和金属性的大小,并给出理由:

①P 与 Ge；②S、As 和 Se。

12. 写出下列元素原子的电子构型，并说明各有几个未成对电子：
①N；②Cl；③Mn；④Ti；⑤Xe。

13. 写出下列离子的电子排布式：Ag^+、Zn^{2+}、Fe^{3+}、Cu^+。

14. 填写下表：

元素符号	电子层数	金属或非金属	最高化合价	电子结构
	4	金属	+5	
	4	非金属	+5	
Ag	5			
Se				

第5章 化学键与分子结构

> **学习要求**
>
> 1. 熟悉离子键的形成与特征。
> 2. 熟悉现代价键理论。掌握共价键的特征、键型、键的极性和分子的极性。
> 3. 熟悉杂化轨道理论,了解其应用。掌握 sp 型杂化轨道的类型及空间分布图形。
> 4. 掌握价层电子对互斥理论。能够利用该理论推测主族元素 AB_m 型分子或离子的空间构型。
> 5. 熟悉分子轨道理论,了解与现代价键理论的区别。掌握第二周期同核双原子分子的分子轨道能级和电子排布。了解异核双原子分子的分子轨道组成及大 π 键。
> 6. 熟悉范德华力的产生及氢键的形成。掌握分子间力对物质物理性质的影响。

物质的性质取决于分子的性质,而分子的性质又是由分子的内部结构决定的。因此研究原子是怎样结合成分子的,对于了解物质的性质及其变化规律具有十分重要的意义。

分子结构通常包括下列内容:分子的化学组成;分子的构型,即分子中原子的空间排布、键长、键角和几何形状;分子中原子间的化学键。此外,在分子之间还普遍存在着一种较弱的相互作用力,使分子聚集成液体或固体。这种分子之间的较弱相互作用力称为分子间作用力。除分子间作用力外,在某些含氢化合物的分子间或分子内还可形成氢键。

5.1 化学键

5.1.1 离子键

1. 离子键的形成

离子键是由原子得失电子后,生成的正、负离子之间靠静电作用而形成的化学键。

在离子键的模型中，可以近似地将正、负离子视为球形电荷。这样根据库仑定律，两种带有相反电荷（q^+和q^-）的离子间的静电引力F则与离子电荷的乘积成正比，即：

$$F = \frac{q^+ q^-}{d^2} \tag{5-1}$$

可见，离子的电荷越大，离子电荷中心间的距离d越小，离子间的引力越强。

在一定条件下，当电负性较小的活泼金属元素的原子与电负性较大的活泼非金属元素的原子相互接近时，活泼金属原子失去最外层电子，形成具有稳定电子层结构的带正电荷的正离子；而活泼非金属原子得到电子，形成具有稳定电子层结构的带负电荷的负离子。正、负离子之间靠静电引力相互吸引，当它们充分接近时，离子的原子核之间及电子之间的排斥作用增大，当正、负离子之间的相互吸引作用和排斥作用达到平衡时，系统的能量降到最低，正、负离子间形成稳定的离子键。

生成离子键的条件是原子间电负性相差较大，一般要大于 2.0 左右。由离子键形成的化合物叫作离子型化合物（ionic compound）。

2. 离子键的特点

离子键的特点是没有饱和性和方向性。

离子是一个带电球体，它在空间各个方向上的静电作用是相同的，正、负离子可以在空间任何方向与电荷相反的离子相互吸引，所以离子键是没有方向性的。只要空间允许，一个正、负离子可以同时与几个电荷相反的离子相互吸引，并不受离子本身所带电荷的限制，因此离子键也没有饱和性。当然，这并不意味着一个正、负离子的数目可以是任意的。实际上，在离子晶体中，每一个正、负离子周围排列的相反电荷离子的数目都是固定的。例如，在 NaCl 晶体中，每个 Na^+ 离子周围有 6 个 Cl^- 离子，每个 Cl^- 离子周围也有 6 个 Na^+ 离子；在 CsCl 晶体中，每个 Cs^+ 离子周围有 8 个 Cl^- 离子，每个 Cl^- 离子周围也有 8 个 Cs^+ 离子。

3. 离子的特征

（1）离子半径。

离子半径是离子的重要特征之一。与原子一样，单个离子也不存在明确的界面。所谓离子半径，是根据离子晶体中正、负离子的核间距测出的，并假定正、负离子的核间距为正、负离子的半径之和。可利用 X 射线衍射法测定正、负离子的平均核间距，若知道了负离子的半径，就可推出正离子的半径。离子半径大致有如下的变化规律：

1）在周期表各主族元素中，由于自上而下电子层数依次增多，所以具有相同电荷数的同族离子的半径依次增大。例如，$Li^+ < Na^+ < K^+ < Rb^+ < Cs^+$；$F^- < Cl^- < Br^- < I^-$。

2）同一周期中主族元素随着族数递增，正电荷的电荷数增大，离子半径依次减小。如：$Na^+ > Mg^{2+} > Al^{3+}$。

3）若同一种元素能形成几种不同电荷的正离子，则高价离子的半径小于低价离子的半径。例如：$r_{Fe^{3+}}$（60 pm）$< r_{Fe^{2+}}$（75 pm）

4）负离子的半径较大，为 130～250 pm，正离子的半径较小，为 10～170 pm。

5）周期表中处于相邻族的左上方和右下方斜对角线上的正离子半径近似相等。例如：Li^+（60 pm）$\approx Mg^{2+}$（65 pm），Sc^{3+}（81 pm）$\approx Zr^{4+}$（80 pm），Na^+（95 pm）$\approx Ca^{2+}$（99 pm）。

由于离子半径是决定离子间引力大小的重要因素，因此离子半径的大小对离子化合物性质有显著影响。离子半径越小，离子间的引力越大，要拆开它们所需的能量就越大，因此，离子化合物的熔、沸点也越高。

（2）离子电荷。

从离子键的形成过程可知，正离子的电荷就是相应原子（或原子团）失去的电子数；负离子的电荷就是相应原子（或原子团）得到的电子数。

离子电荷也是影响离子键强度的重要因素。离子电荷越多，对相反电荷的离子的吸引力越强，形成的离子化合物的熔点也越高。例如，大多数碱土金属离子 M^{2+} 的盐类的熔点比碱金属离子 M^+ 的盐类的高。

（3）离子的电子层构型。

原子形成离子时，所失去或者得到的电子数和原子的电子层结构有关。一般是原子得或失电子之后，使离子的电子层达到较稳定的结构，就是使亚层充满的电子构型。

简单负离子（如 Cl^-、F^-、S^{2-} 等）是最外电子层都是 8 个电子的稀有气体结构。但是，简单的正离子的电子构型比较复杂，其电子构型有以下几种：

1）电子构型：最外层电子构型为 $1s^2$，如 Li^+、Be^{2+} 等。

2）8 电子构型：最外层电子构型为 ns^2np^6，如 Na^+、Ca^{2+} 等。

3）18 电子构型：最外层电子构型为 $ns^2np^6nd^{10}$，如 Ag^+、Zn^{2+} 等。

4）18+2 电子构型：次外层有 18 个电子，最外层有 2 个电子，电子构型为 $(n-1)s^2(n-1)p^6(n-1)d^{10}ns^2$，如 Sn^{2+}、Pb^{2+} 等。

5）9～17 电子构型：属于不规则电子组态，最外层有 9～17 个电子，电子构型为 $ns^2np^6nd^{1\sim9}$，如 Fe^{2+}、Mn^{2+}、Ni^{2+} 等。

离子的外层电子构型对于离子之间的相互作用有影响，从而使键的性质有所改变。例如 Na^+ 和 Cu^+ 的电荷相同，离子半径几乎相等，但 NaCl 易溶于水，而 CuCl 难溶于水。显然，这是由于 Na^+ 和 Cu^+ 具有不同的电子构型所造成的。这将在"离子的极化"中讨论。

4. 离子晶体

(1) 离子晶体的特性。

在离子晶体中，质点间的作用力是静电吸引力，即正、负离子是通过离子键结合在一起的，由于正、负离子间的静电作用力较强，所以离子晶体一般具有较高的熔点、沸点和硬度。

离子的电荷越高，半径越小，静电作用力越强，熔点也就越高。

离子晶体的硬度较大，但比较脆，延展性较差。这是由于在离子晶体中，正、负离子交替地规则排列，当晶体受到冲击力时，各层离子位置发生错动，使吸引力大大减弱而易破碎。

离子晶体不论在熔融状态或在水溶液中都具有优良的导电性，但在固体状态，由于离子被限制在晶格的一定位置上振动，因此几乎不导电。

在离子晶体中，每个离子都被若干个异电荷离子所包围着，因此在离子晶体中不存在单个分子，可以认为整个晶体就是一个巨型分子。

(2) 晶格能。

相互远离的气态正离子和气态负离子结合成离子晶体时所释放的能量称为晶格能，以符号 U 表示。如 NaCl 的晶格能 $U = 786 \text{ kJ} \cdot \text{mol}^{-1}$，MgO 的晶格能 $U = 3\,916 \text{ kJ} \cdot \text{mol}^{-1}$。

根据能量守恒定律，晶格能可由下式求出，

$$U = -\Delta_f H^\ominus + S + \frac{1}{2}D + I - E \qquad (5-2)$$

式中：S——升华能；

D——解离能；

I——电离能；

E——电子亲合能；

$\Delta_f H^\ominus$——物质的生成热。

根据晶格能的大小可以解释和预言离子型化合物的某些物理化学性质。对于相同类型的离子晶体来说，离子电荷越多，正、负离子的核间距越短，晶格能的绝对值就越大。这也表明离子键越牢固，因此反映在晶体的物理性质上有较高的熔点、沸点和硬度。

5.1.2 共价键

随着量子力学的建立，形成了两种现代共价键理论，即现代价键理论

(valence bond theory)，简称 VB 法（又叫电子配对法）。

1. 共价键的形成

1927 年，Hertler 和 London 由量子力学处理两个 H 原子形成 H_2 分子的过程，得到 H_2 分子的能量与原子核间距离的关系的曲线，见图 5-1。

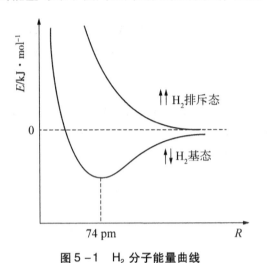

图 5-1 H_2 分子能量曲线

由图 5-1 可知，当两个 H 原子从远处互相接近时，出现两种情况：如果两个 H 原子的 1s 电子自旋方向相反，随着两原子的核间距离 R 的减小，系统能量逐渐降低，当核间距为 $R = R_0 = 74$ pm 时，能量降到最低值 E_0，两核间电子云密度较为密集；如果两个 H 原子的 1s 电子自旋方向相同，随着核间距 R 的减小，系统能量逐渐升高。由此可知，自旋方向相反的两个 H 原子以核间距 R_0 相结合，可以形成稳定的 H_2 分子，这一状态称为氢分子的基态，此时体系的能量低于两个未结合时 H 原子的能量。相反，如两个 H 原子的 1s 电子自旋方向相同，则体系的能量随 R 的减小而增大，1s 电子在核间的几率密度很小，这意味着两个氢原子趋向分离而不能键合。因此根据量子力学的基本原理，氢分子的基态之所以能成键，是由于两个氢原子的 1s 原子轨道互相重叠时，ψ_{1s} 都是正值，相加后使两个核间的电子云密度有所增加。在两核间出现的电子云密度较大的区域，一方面降低了两核间的正电排斥，另一方面增大了两个核对电子云密度较大区域的吸引，有利于体系势能的降低和形成稳定的化学键。这种由共用电子对所形成的化学键称为共价键。共价键的本质是，原子轨道重叠，核间电子几率密度大吸引原子核而成键。

2. 共价键的特征

(1) 共价键具有饱和性。

共价键的饱和性是指一个原子含有几个单电子，就能与几个自旋相反的单电子配对形成共价键。也就是说，一个原子所形成的共价键的数目不是任意的，一般受单电子数目的制约。如果 A 原子和 B 原子各有 1 个、2 个或 3 个成单电子，且自旋相反，则可以互相配对，形成共价单键、双键或叁键（如 H—H、O═O、N≡N）。如果 A 原子有 2 个单电子，B 原子有 1 个单电子，若自旋相反，则 1 个 A 原子能与 2 个 B 原子结合生成 AB_2 型分子，如 2 个 H 原子和 1 个 O 原子结合生成 H_2O 分子。

(2) 共价键具有方向性。

根据原子轨道的最大重叠原理，共价键的形成将沿着原子轨道最大重叠的方向进行，这样两核间的电子云越密集，形成的共价键就越牢固，这就是共价键的方向性。除 s 轨道呈球形对称无方向性外，p、d、f 轨道在空间都有一定的伸展方向。在形成共价键时，除 s 轨道与 s 轨道在任何方向上都能达到最大程度的重叠外，p、d、f 轨道只有沿着一定的方向才能发生最大程度的重叠。例如，当 H 原子的 1s 轨道与 Cl 原子的 $3p_x$ 轨道发生重叠形成 HCl 分子时，H 原子的 1s 轨道必须沿着 x 轴才能与 Cl 原子的含有单电子的 $3p_x$ 轨道发生最大程度的重叠，形成稳定的共价键［图 5-2（c）］；而沿其他方向的重叠，则原子轨道不能重叠［图 5-2（a）］或重叠很少［图 5-2（b）］，因而不能成键或成键不稳定。

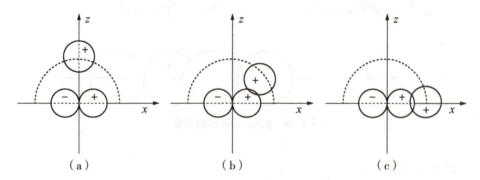

图 5-2　H 原子 1s 轨道和 Cl 原子 $3p_x$ 轨道重叠示意

3. 共价键的类型

成键的两个原子核间的连线称为键轴。按成键轨道与键轴之间的关系，即按原子轨道的重叠方式的不同，可以将共价键分为 σ 键和 π 键两种类型。例如两个原子都含有成单的 s 和 p_x、p_y、p_z 电子,当它们沿 x 轴接近时,能形成共价键的原子轨道有:s-s、p_x-p_x、p_y-p_y、p_z-p_z。这些原子轨道之间可以有以下两种成键方式。

(1) σ 键。

将成键轨道沿着键轴旋转任意角度,图形及符号均保持不变。即 σ 键的键轴是成键轨道的任意多重轴。

一种形象化描述是:σ 键是一种沿键轴的方向,成键轨道"头碰头"地重叠。轨道重叠部分是沿着键轴呈圆柱形分布的,这种键称为 σ 键,如 s-s、p_z-s、p_z-p_z 等。见图 5-3、图 5-4。

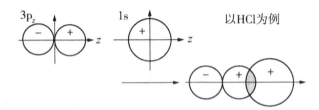

图 5-3 p_z-s σ 键形成示意

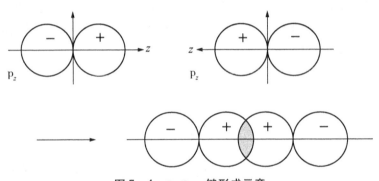

图 5-4 p_z-p_z σ 键形成示意

(2) π 键。

成键轨道绕键轴旋转 180°时,图形复原,但符号变为相反。形象化描述是:原子轨道以"肩并肩"方式发生轨道重叠,如 p_x-p_x、p_y-p_y。轨道重叠部分对通过一个键轴的平面具有镜面反对称性,这种键称为 π 键。

例如两个 p_x 沿 z 轴方向重叠的情况(见图 5-5):

一般说来,π 键的重叠程度小于 σ 键,因此 π 键的键能小于 σ 键,π 键的

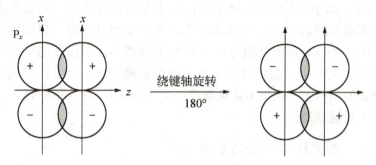

图 5-5 p_x-p_x π 键形成示意

稳定性也小于 σ 键，π 键电子的能量较高，易活动，是化学反应的积极参与者。

（3）配位键。

前面所讨论的共价键的共用电子对都是由成键的两个原子分别提供一个电子组成的。此外还有一类共价键，其共用电子对不是由成键的两个原子分别提供，而是由其中一个原子单方面提供的。这种由一个原子提供电子对为两个原子共用而形成的共价键称为共价配键，或配位键（coordination bond）。配位键的形成条件是：其中的一个原子的价电子层有孤电子对（即未共用的电子对），另一个原子的价电子层有可接受孤电子对的空轨道。一般含有配位键的离子或化合物是相当普遍的。

【例 5-1】NH_4^+、$[BF_4]^-$、CO 的结构式是怎样的？（图 5-6）

$$NH_4^+ \qquad [BF_4]^- \qquad CO$$

$$\begin{array}{c} H \\ | \\ H-N-H \\ | \\ H \end{array} \qquad \begin{array}{c} F \\ | \\ F-B-F \\ | \\ F \end{array} \qquad C\overset{\pi}{\underset{\pi}{\equiv}}O$$

$$2s^22p^2 \qquad 2s^22p^4$$

图 5-6 配位键示意

5.2 杂化轨道理论与分子的空间构型

价键理论成功地阐明了共价键的本质和特性，但是在解释多原子分子的空间构型方面却遇到了一些困难。已知基态碳原子的电子层构型是

$1s^22s^22p_x^12p_y^1$,其中 $1s^2$ 电子在原子的内层不参与成键作用,不必考虑。外层只有两个未成对的 2p 电子,看来似乎只能形成 2 个共价键。但实验指出,在 CH_4 分子中,中心 C 原子分别与 4 个 H 原子形成了 4 个性质完全等同的共价键,这是价键理论所不能解释的,为了解释多原子分子的空间结构,Pauling 在价键理论的基础上,提出了杂化轨道理论(hybrid orbital theory),进一步补充和发展了价键理论。

5.2.1 杂化轨道理论的基本要点

1. 杂化及杂化轨道

杂化轨道理论认为,原子在形成分子时,由于原子间相互作用的影响,若干不同类型能量相近的原子轨道混合起来,重新组合成一组新轨道,这种重新组合的过程称为杂化,所形成的新的原子轨道称为杂化轨道。

2. 杂化轨道理论的基本要点

(1) 只有能量相近的原子轨道才能进行杂化,同时只有在形成分子的过程中才会发生,而孤立的原子是不可能发生杂化的。在形成分子时,通常存在激发、杂化、轨道重叠等过程。

(2) 杂化轨道的成键能力比原来未杂化的轨道的成键能力强,形成的化学键的键能大。因为杂化后原子轨道的形状发生变化,电子云分布集中在某一方向上,比未杂化的 s、p、d 轨道的电子云分布更为集中,重叠程度增大,成键能力增强。

(3) 杂化轨道的数目等于参加杂化的原子轨道的总数。

(4) 杂化轨道成键时,要满足化学键间最小排斥原理。键与键间排斥力的大小取决于键的方向,即取决于杂化轨道间的夹角。故杂化轨道的类型与分子的空间构型有关。

5.2.2 杂化轨道的类型

根据原子轨道种类和数目的不同,可以组成不同类型的杂化轨道。通常分为 s-p 型和 s-p-d 型。杂化轨道又可分为等性和不等性杂化轨道两种。

1. 等性杂化

凡是由不同类型的原子轨道混合起来,重新组合成一组完全等同(能量相等、成分相同)的杂化轨道叫等性杂化。

(1) sp 等性杂化。

由一个 ns 轨道和一个 np 轨道参与的杂化称为 sp 杂化,所形成的轨道称为 sp 杂化轨道。每一个 sp 杂化轨道中含有 1/2 的 s 轨道成分和 1/2 的 p 轨道成分，两个杂化轨道间的夹角为 180°，呈直线形。

【例 5-2】BeH_2 的空间构型为平面三角形，见图 5-7。

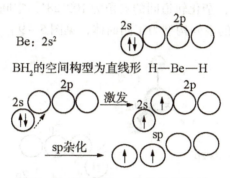

图 5-7　Be 采用 sp 杂化生成 BeH_2

(2) sp^2 等性杂化。

由一个 ns 轨道和两个 np 轨道参与的杂化称为 sp^2 杂化，所形成的 3 个杂化轨道称为 sp^2 杂化轨道。每个 sp^2 杂化轨道中含有 1/3 的 s 轨道成分和 2/3 的 p 轨道成分，杂化轨道间的夹角为 120°，呈平面正三角形。

【例 5-3】BF_3 的空间构型为平面三角形，见图 5-8。

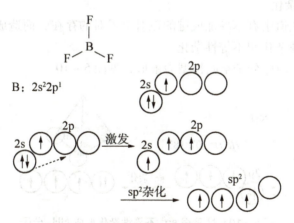

图 5-8　B 采用 sp^2 等性杂化生成 BF_3

（3）sp^3等性杂化。

由1个ns轨道和3个np轨道参与的杂化称为sp^3杂化，所形成的4个杂化轨道称为sp^3杂化轨道。sp^3杂化轨道的特点是每个杂化轨道中含有1/4的s成分和3/4的p成分，杂化轨道间的夹角为109°28′，空间构型为正四面体形。

【例5-4】CH_4的空间构型为正四面体，见图5-9。

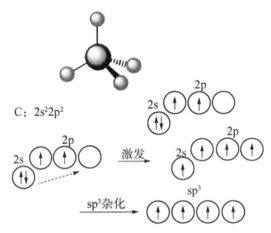

图5-9 C采用sp^3等性杂化生成CH_4

2. 不等性杂化

由于杂化轨道中有不参加成键的孤对电子对的存在，而造成不完全等同的杂化轨道，这种杂化叫不等性杂化。

【例5-5】NH_3分子空间构型为锥形，见图5-10。

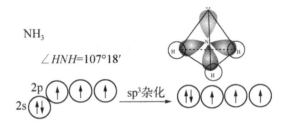

图5-10 N采用sp^3不等性杂化形成NH_3分子

【例 5-6】H_2O 分子的空间构型为 V 形,见图 5-11。

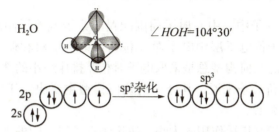

图 5-11　O 采用 sp^3 不等性杂化形成 H_2O 分子

杂化轨道除 sp 型外,还有 dsp 型 [利用 $(n-1)dnsnp$ 轨道] 和 spd 型 (利用 $nsnpnd$ 轨道),它们能较好地解释配合物的形成和结构。(表 5-1)

表 5-1　杂化轨道类型

类型	轨道数目	形状	实例
sp	2	直线	$HgCl_2$、$BeCl_2$
sp^2	3	三角平面	BF_3
sp^3	4	四面体	CCl_4、NH_3、H_2O
dsp^2	4	平面正方	$[CuCl_4]^{2-}$
sp^3d(或 dsp^3)	5	三角双锥	PCl_5
sp^3d^2(或 d^2sp^3)	6	八面体	SF_6

5.3　价层电子对互斥理论

由杂化轨道理论可知,杂化轨道在空间有确定的最佳分布,我们可以根据杂化类型来确定某些分子的空间构型。但是任何一种理论或方法都是从某一角度出发,不可能解决一切问题。1940 年,Sidgwick 提出了价层电子对互斥理论 (valence-shell electron pair repulsion theory),简称 VSEPR 理论。它比较简单,对只含一个中心原子的分子或离子的组成,价层电子对互斥理论不需要原子轨道的概念,而且在解释、判断和预见分子构型的准确性方面比杂化轨道理论更为有效。

5.3.1 价层电子对互斥理论的基本要点

（1）在共价分子中，中心原子周围配置的原子或原子团的几何构型，主要决定于中心原子价电子层中电子对（包括成键电子对和孤对电子）的相互排斥作用，分子的几何构型总是采取电子对相互排斥最小的那种结构。

（2）对于共价分子来说，其分子的几何构型主要决定于中心原子的价层电子对的数目和类型。

价层电子对相互排斥作用的大小，决定于电子对之间的夹角和电子对的成键情况。一般规律为：①电子对之间的夹角越小，排斥力越大。②价层电子对之间静电斥力大小顺序是：孤对电子 – 孤对电子 > 孤对电子 – 成键电子对 > 成键电子对 – 成键电子对。

5.3.2 判断共价分子结构的一般规律

1. 首先确定中心原子的价层电子对数

中心原子的价层电子对数由下式确定：

$$价层电子对数 = \frac{中心原子的价电子数 + 配位原子提供的电子数}{2} \quad (5-3)$$

在正规的共价键中有下面的规定：

（1）氢原子和卤素原子作为配位原子时，均各提供1个电子。

（2）氧原子和硫原子作为配位原子时，可认为不提供共用电子；当作为中心原子时，则可认为它们提供所有的6个价电子。

（3）卤素原子作为分子的中心原子时，提供7个价电子。

（4）若所讨论的物种是一个离子的话，则应加上或减去与电荷相应的电子数，例如 NH_4^+ 离子中的中心原子 N 的价层电子对数为 $(5+4-1)/2 = 4$；SO_4^{2-} 离子中的中心原子 S 的价层电子对数为 $(6+2)/2 = 4$。

2. 确定价层电子对构型

根据中心原子价层电子对数，从表5-2中找出相应的电子对排布，这种排布方式可使电子对之间静电斥力最小。

表5-2　电子对的空间构型与价层电子对数的关系

价层电子对数	2	3	4	5	6
空间构型	直线形	平面三角形	正四面体	三角双键	正八面体

3. 确定中心原子的孤对电子对数，推断分子的空间构型

（1）孤对电子对数＝0，分子的空间构型与电子对的空间构型相同。

（2）孤对电子对数≠0，分子的空间构型不同于电子对的空间构型。分子构型主要采取电子对相互排斥最小的那种结构。见表5-3。

表5-3　分子的几何构型与价层电子对数关系

价层电子对数	孤对电子对数	电子对的空间构型	分子的空间构型	例
3	1	平面三角形	V形	$SnCl_2$
4	1	四面体	三角锥形	NH_3
4	2	四面体	V形	H_2O
6	1	八面体	四方锥形	IF_5
6	2	八面体	平面正方形	XeF_4

5.4　分子间力及氢键

除化学键（共价键、离子键、金属键）外，分子与分子之间，某些较大分子的基团之间，或小分子与大分子内的基团之间，还存在着各种各样的作用力，总称为分子间力。相对于化学键，分子间力是一类弱作用力。

化学键的键能数量级达 10^2 kJ·mol^{-1}，甚至 10^3 kJ·mol^{-1}，而分子间力的能量只有 $n\sim n\cdot 10$ kJ·mol^{-1} 的数量级，比化学键弱得多，然而，分子间力是决定物质的熔点、沸点和硬度等物理化学性质的一个重要因素。

相对于化学键，大多数分子间力又是短程作用力，只有当分子或基团（为简洁起见下面统称为"分子"）距离很近时才显现出来。范德华力和氢键是两类最常见的分子间力。

5.4.1　范德华力

范德华力最早是由范德华研究实际气体对理想气体状态方程的偏差提出来的。我们知道，理想气体是以假设分子没有体积也没有任何作用力为基础确立的概念，当气体密度很小（体积很大、压力很小）、温度不低时，实际气体的行为相当于理想气体。事实上，实际气体分子有相互作用力。

这种分子间的作用力被后人称为范德华力。范德华力普遍存在于固、液、气态任何微粒之间，微粒相离稍远，就可忽略；范德华力没有方向性和饱和性，不受微粒之间的方向与个数的限制。后来又有三人将范德华力分解为三种不同来源的作用力——色散力、诱导力和取向力。

1. 色散力

所有单一原子或由多个原子键合而成的分子、离子，或者分子中的基团（统称分子），相对于电子，其中原子的位置相对固定，而其中的电子却围绕整个分子快速运动着。于是，分子的正电荷重心与负电荷重心时时刻刻不重合，产生瞬时偶极。分子相互靠拢时，它们的瞬时偶极矩之间会产生电性引力，这就是色散力。色散力不仅是所有分子都有的最普遍存在的范德华力，而且经常是范德华力的主要构成。（图5-12）

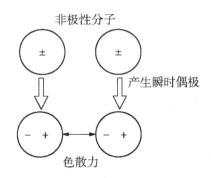

图5-12 分子的极性与色散力

色散力没有方向，瞬时偶极矩的大小也始终在变动之中。分子越大、分子内电子越多，分子刚性越差，分子里的电子云越松散，越容易变形，色散力就越大。衡量分子变形性的物理量叫作极化率（符号 α）。

分子极化率越大，变形性越大，色散力就越大。例如，HCl、HBr、HI 的色散力依次增大，分别为 16.83、21.94、25.87 kJ/mol，而 Ar、CO、H_2O 的色散力只有 8.50、8.75、9.00 kJ/mol。

2. 取向力

取向力，又叫定向力，是极性分子与极性分子之间的固有偶极与固有偶极之间的静电引力。

取向力只有极性分子与极性分子之间才存在。分子偶极矩越大，取向力越大。如：HCl、HBr、HI 的偶极矩依次减小，其取向力分别为 3.31、0.69、0.025 kJ/mol，依次减小。

对大多数极性分子,取向力仅占其范德华力构成中的很小份额,只有少数强极性分子例外。(图 5-13)

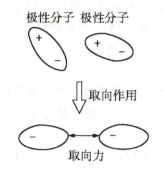

图 5-13　分子的极性与取向力

3. 诱导力

在极性分子的固有偶极诱导下,临近它的分子会产生诱导偶极,分子间的诱导偶极与固有偶极之间的电性引力称为诱导力。

诱导偶极矩的大小由固有偶极的偶极矩(m)和分子变形性的大小决定。极化率越大,分子越容易变形,在同一固有偶极作用下产生的诱导偶极矩就越大。

如放射性稀有气体氡(致癌物)在 20 ℃水中溶解度为 230 cm^3·L^{-1}。而氦在同样条件下的溶解度却只有 8.61 cm^3·L^{-1}。又如,水中溶解的氧气(20 ℃溶解 30.8 cm^3·L^{-1})比氮气多得多,跟空气里氮氧比正相反,也可归结为 O_2 的极化率比 N_2 的大得多。

同理,极化率(α)相同的分子在偶极矩(m)较大的分子作用下产生的诱导力也较大。(图 5-14)

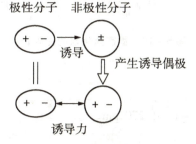

图 5-14　分子的极性与诱导力

5.4.2 氢键

实验证明，有些物质的一些物理性质具有反常现象，如水的比热特别大，水的密度在 277 K 时最大，水的沸点比氧族同类氢化物的沸点高，等等。同样，NH_3、HF 也具有类似反常的物理性质。人们为了解释这些反常的现象，提出了氢键学说。

氢键是已经以共价键与其他原子键合的氢原子与另一个原子之间产生的分子间作用力，是除范德华力外的另一种常见分子间作用力。

1. 氢键的本质

研究结果表明，当氢原子同电负性很大、半径又很小的原子（氟、氧或氮等）形成共价型氢化物时，由于二者电负性相差甚大，共用电子对强烈地偏向于电负性大的原子一边，使氢原子几乎变成裸露的质子而具有极强的吸引电子的能力，这样氢原子就可以和另一个电负性大且含有孤对电子的原子产生强烈的静电吸引，这种吸引力就叫氢键。

（1）氢键的形成条件。

通常，发生氢键作用的氢原子两边的原子必须是强电负性原子。即：分子中有 H 和电负性大、半径小且有孤对电子的元素（F、O、N）形成氢键。如图 5-15、图 5-16 所示。

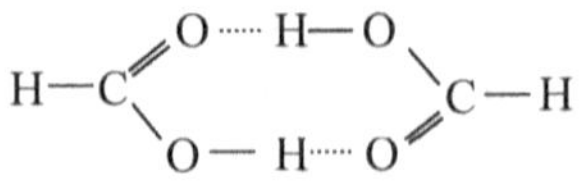

图 5-15 甲酸二聚体结构

图 5-16 固态氟化氢的无限长链

（2）氢键的特点。

1）键长特殊： 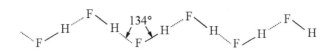 F—H⋯F 270 pm。

2）键能小：$E(F—H⋯F) 28 \text{ kJ} \cdot \text{mol}^{-1}$。

3）具有饱和性和方向性。

由于氢原子很小，在它周围容不下两个或两个以上的电负性很强的原子，使得一个氢原子只能形成一个氢键。即每一个 X—H 只能与一个 Y 原子形成氢键。

氢键的方向性是指 Y 原子与 X—H 形成氢键时，为减少 X 与 Y 原子电子云之间的斥力，应使氢键的方向与 X—H 键的键轴在同一方向，即令 X—H…Y 在同一直线上。

如水分子中的氢键 O—H…O 具有方向性（图 5-17）。氢键有方向性的性质不同于范德华力，而与共价键相同。

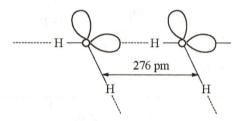

图 5-17　水分子间的氢键

（3）氢键的表示方法。

氢键通常可用通式 X—H…Y 表示。X 和 Y 代表 F、O、N 等电负性大、原子半径较小，且含孤对电子的原子。

2. 氢键对物质性质的影响

物质的许多理化性质都要受到氢键的影响，如熔点、沸点、溶解度、黏度等。形成分子间氢键时，会使化合物的熔、沸点显著升高，这是由于要使液体汽化或使固体熔化，不仅要破坏分子间的范德华力，还必须给予额外的能量去破坏分子间的氢键。（图 5-18）

（1）氢键解释了水的特殊物理性质。

水的物理性质十分特异。与同周期氢化物相比，冰的密度小、4 ℃时水的密度最大、水的熔沸点高、水的比热大、水的蒸气压小等。

水的这些特异物理性质对于生命的存在有着决定性的意义。例如，若水的熔、沸点相当于后三个周期同族氢化物熔、沸点变化趋势向前外推的估算值，地球温度下的水就不会呈液态，如今的地貌就不可能呈现，生命体也不会出现。如果冰的密度比液态水的密度大，液态水从 0 ℃升至 4 ℃密度不增大，地球上的水体在冬天结冰时，水生生物会被冻死。

冰的密度低是由于每个水分子周围最邻近的水分子只有 4 个，这就表明了其间的作用力——氢键。

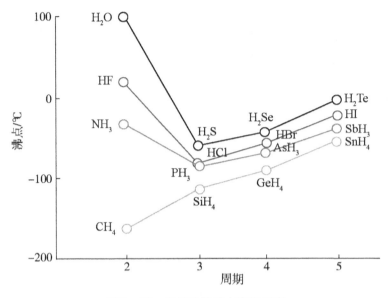

图 5-18　氢化物的沸点变化示意

冰熔化为液态水，至多只能打破冰中全部氢键的约 13%。意味着，刚刚熔化的水中仍分布着大量近距有序的冰晶结构微小集团（有人称之为"冰山结构"，iceberg）。随温度升高，同时发生两种相反的过程：一种是冰晶结构小集团受热不断崩溃，另一种是水分子间距因热运动不断增大。（图 5-19）

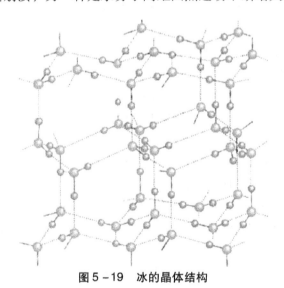

图 5-19　冰的晶体结构

小球代表氢原子，大球代表氧原子，实线代表 H—O 键，虚线代表氢键。

0～4 ℃间，前者占优势；4 ℃以上，后者占优势；4 ℃时，两者互不相让，导致水的密度最大。水的比热大，也是由于水升温过程需要打破除范德华力外的额外氢键。水的蒸发热高，原因相同。

（2）氢键对某些物质的熔沸点差异的解释。

氢键不仅出现在分子间，也可出现在分子内。如：邻硝基苯酚中羟基上的氢原子可与硝基上的氧原子形成分子内氢键；间硝基苯酚和对硝基苯酚则没有这种分子内氢键，只有分子间氢键。这解释了为什么邻硝基苯酚的熔点比间硝基苯酚和对硝基苯酚的熔点低。

分子内氢键不可能与共价键成一直线，往往在分子内形成较稳定的多原子环状结构，化合物的熔、沸点较低；分子间氢键、分子间力增加，物质的熔点和沸点随之升高。（图 5 – 20）

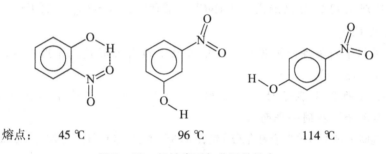

图 5 – 20　氢键类型与分子的熔点

复习思考题

1. 区别下列名词：

（1）分子构型和分子的电子对构型。

（2）化学键和氢键。

（3）离子键和共价键。

（4）σ 键和 π 键。

（5）极性键和极性分子。

2. 下列说法是否正确？

（1）原子形成共价键的数目与其基态时所含有的未成对电子数相等。

（2）直线形分子是非极性分子。

（3）凡是三原子组成的直线形分子，中心原子是以 sp 杂化方式成键的。

(4) 同类分子中，分子越大，分子间作用力也越大。

(5) 氢氧化钠晶体中既有离子键，又有共价键。

(6) 非金属元素组成的化合物都不是离子化合物。

(7) 离子晶体中的化学键都是离子键。

(8) NaCl(s)中正、负离子以离子键结合，故所有金属氯化物中都存在离子键。

3. 根据价键理论写出下列分子的结构式：BBr_3、CS_2、SiH_4、PCl_5。

4. 试用轨道杂化理论说明下列分子的空间构型：PF_3、SO_2、$SiCl_4$、H_2S。

5. 试用轨道杂化理论说明，BF_3 是平面三角形的空间构型，而 NF_3 却是三角锥形。

6. 试用价层电子对互斥理论推测下列分子和离子的几何构型，并指出其中心原子所采用的杂化形式：①$HgCl_2$；②PCl_3；③$SnCl_6^{2-}$；④CS_2；⑤NO_2；⑥NO_3^-；⑦ClO_4^-。

7. 根据下列条件分析各分子的中心原子的杂化形式，并指出各化学键的键型（σ 或 π 键）：
①HCN 的 3 个原子位于一直线上；②H_2S 的 3 个原子不在一直线上；③C_2H_4 各原子皆在同一平面内。

8. 判断下列各物质分子间有无氢键，并略加说明：①C_2H_6；②NH_3；③CH_3COOH；④C_6H_5OH；⑤C_2H_5OH；⑥H_3BO_3；⑦ $CH_3C\overset{O}{\underset{NH_2}{}}$；⑧ $HO-\bigcirc-NO_2$。

9. 解释下列现象：

(1) F 的电负性大于 O，但 HF 的沸点却低于 H_2O。

(2) 乙醇（C_2H_5OH）和二甲醚（CH_3OCH_3）分子式相同，但前者的沸点为 78.5 ℃，后者却为 -23 ℃。

10. 下列分子间存在什么形式的分子间力？
①苯和四氯化碳；②乙醇和水；③液氨；④氯化氢气体。

第6章 元素化学

> **学习要求**
> 1. 了解元素在自然界中的存在形式、分布及在地壳中的丰度。
> 2. 理解并掌握非金属元素的通性,理解各族非金属元素的通性。
> 3. 掌握碳酸及其盐、硝酸及其盐、硫酸及其盐、亚硫酸及其盐、硫代硫酸盐、次卤酸及其盐、卤酸及其盐、高卤酸及其盐、硼的含氧酸及其盐的性质。
> 4. 掌握常见非金属氢化物的结构及物理化学性质。
> 5. 理解并掌握金属元素的通性,了解金属单质的物理性质,掌握金属单质的化学性质。
> 6. 了解铜、银、锌、汞、铬、锰、铁单质的性质,会描述它们在空气中的状态、稳定性。
> 7. 掌握碱及碱土金属、铜、银、锌、汞、铬、锰、铁的氧化物、氢氧化物及重要盐的稳定性、酸碱性、不同氧化态之间的转化、氧化还原性,以及介质酸碱性对其的影响。
> 8. 了解含银废水、含汞废水、含铬废水的处理方法及原理。

6.1 元素概述

6.1.1 元素的存在状态和分布

地壳是指围绕地球的大气圈、水圈及地面以下 16 km 深度以内的岩石圈。地球上自然存在的元素有 94 种,其余的为人工合成的放射性元素。元素在自然界中的存在形式有两大类:单质和化合物。

较活泼的金属和非金属元素在自然界主要以化合物形式存在,只有不太活泼的元素以单质形式存在。金属元素中以自然金属产出的主要是贵金属(铂系元素)和金,其次是自然银及少量自然铜,还有砷、锑、铋等。砷、锑往往还呈金属互化物 SbAs(砷锑矿)形式产出。像比较活泼的金属元素铁、钴、镍，呈单质形式仅见于铁陨石中，而在地壳中往往成类质同晶混入其他自然金属中，如粗铂矿、镍铂矿及自然铂中。

绝大多数元素中活泼的和较活泼的主要以化合物形式存在。如氧化物、硫化物、卤化物，以及硝酸盐、硫酸盐、碳酸盐、硅酸盐、硅铝酸盐、磷酸盐、硼酸盐等含氧酸盐，其中以硅酸盐最复杂，分布量最大，构成了地壳的主体。

元素在地壳中的含量称为丰度。丰度可以用质量分数表示，也可以用原子分数表示。其中含量最多的 10 种元素的丰度已列入表 6-1 中。

表 6-1 地壳中丰度最大的 10 种元素

丰度	元素									
	O	Si	Al	Fe	Ca	Na	K	Mg	H	Ti
质量分数/%	48.6	26.3	7.73	4.75	3.45	2.74	2.74	2.00	0.76	0.42
原子分数/%	53.8	18.2	5.55	1.64	1.67	2.26	0.80	1.60	13.60	0.16

由表 6-1 可见，这 10 种元素已占地壳总质量（或总原子数）的 99%，其余元素含量的总和不超过 1%，所以绝大多数元素的丰度是很小的。习惯上，把在地壳中含量少、比较分散、从天然化合物中提炼困难、发现较晚、对它们研究较少的一些元素称为稀有元素；其余的元素，则称为普通元素。如钛在地壳中含量并不少（约 0.42%），但由于冶炼困难，在相当长时间内影响了人们对它的了解和应用，因而被列入稀有元素。有些元素，如砷在地壳中的含量很少（约 5×10^{-6}%），但由于有引人注目的硫化物矿存在，这些矿物以及砷元素本身早就为人类所熟知，因此砷未被列入稀有元素，而归入普通元素。显然，关于稀有元素和普通元素的划分是相对的，目前在所有的已知元素中，约 2/3 的元素属于稀有元素。

我国矿产资源极为丰富，钨、锌、锑、锂、硼元素等的储量均居世界首位，其中钨占世界储量的 75%，锑占 44%，其他如锡、铅、汞、铁、锰、铜、镍、钛、硫、磷等储量也居世界前列。具有广阔应用前景的稀土金属元素，在我国并不稀有，其总储量占世界的 80%，世界最大的稀土矿区是我国内蒙古自治区的白云鄂博。大力开发和利用我国稀土金属及其他稀有元素，对促进我国的经济建设有十分重要的意义。

6.1.2 元素分类

金属和非金属元素之间的化学、物理性质有明显的区别。在发现的 112 种元素中，按其性质可分为金属元素和非金属元素，其中金属元素有 90 种，非金属元素有 22 种。金属单质具有特殊的金属光泽、导电性和导热性，以及良好的机械加工性；而非金属单质一般不具备这些性质。不过，在 p 区对角线附近的一些元素，如硼、硅、锗、砷、锑、碲等，它们的性质介于金属和非金属之间，这些元素的单质有"半（准）金属"之称。它们大多具有半导体的性质。（图 6 - 1）

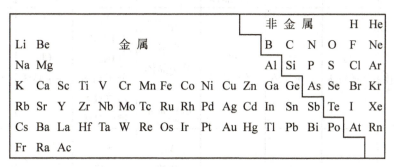

图 6 - 1　金属元素在周期表中的位置分布

6.2　非金属元素

6.2.1　非金属元素概述

目前已知的 22 种非金属元素大都集中在周期表右上方，除 H 位于 s 区外都集中在 p 区，分别位于周期表ⅢA～ⅦA 及 0 族（现也叫ⅧA），其中砹和氡为放射性元素。

非金属元素与金属元素的根本区别在于原子的价电子构型不同。金属元素的价电子少，它们倾向于失去这些电子；而非金属元素倾向于得到电子。非金属元素大多有可变的氧化数，最高正氧化数在数值上等于它们所处的族数 n。由于电负性比较大，所以它们还有负氧化数，其最低负氧化数的绝对值等于 $8-n$。

非金属元素单质的晶体结构见表 6 - 2。除稀有气体以单原子分子存在外，所有其他非金属单质都至少由两个原子通过共价键结合在一起。

表6-2 主族元素单质的晶体类型

I	II	III	IV	V	VI	VII	0
H_2 分子晶体	—	—	—	—	—	—	He 分子晶体
Li 金属晶体	Be 金属晶体	B 近原子晶体	C 金刚石 原子晶体 石墨 层状晶体	N_2 分子晶体	O_2 分子晶体	F_2 分子晶体	Ne 分子晶体
Na 金属晶体	Mg 金属晶体	Al 金属晶体	Si 原子晶体	P_4 白磷 分子晶体 黑磷 P_4 层状晶体	S_8 斜方硫 单斜硫 分子晶体 弹性硫 S_x 链状晶体	Cl_2 分子晶体	Ar 分子晶体
K 金属晶体	Ca 金属晶体	Ga 金属晶体	Ge 原子晶体	As_4 黄砷 分子晶体 灰砷 As_x 层状晶体	Se_8 红硒 分子晶体 灰硒 Se_x 链状晶体	Br_2 分子晶体	Kr 分子晶体
Rb 金属晶体	Sr 金属晶体	In 金属晶体	Sn 灰锡 原子晶体 白锡 金属晶体	Sb_4 黑锑 分子晶体 灰锑 Sb_x 层状晶体	Te 灰碲 链状晶体	I_2 分子晶体	Xe 分子晶体
Cs 金属晶体	Ba 金属晶体	Tl 金属晶体	Pb 金属晶体	Bi 层状晶体（近于金属晶体）	Po 金属晶体	At	Rn 分子晶体

6.2.2 非金属单质的性质

1. 非金属单质的物理性质

非金属单质的熔点、沸点、硬度，按周期表呈现明显的规律：两边（左边的 H_2，右边的稀有气体、卤素等）的较低，中间（C、Si 等）的较高。

例如，H_2、卤素、O_2、N_2 都是由共价键结合而成的双原子分子，属分子晶体；周期表中部的金刚石、硅是由很多原子结合而成的原子晶体（其中每个原子均以 4 个 sp^3 杂化轨道参与成键），硼也近于原子晶体；处于 p 区非金属与金属边界的 P、As、Se、Te，甚至 C（石墨）等出现了层状、链状等过渡型结构的多种同素异形体。

非金属元素单质的熔、沸点与其晶体类型有关。属于原子晶体的 B、C、Si 等单质的熔、沸点都很高。属于分子晶体的物质熔、沸点都很低，其中一些单质常温下呈气态。金刚石的熔点（3 350 ℃）和硬度（10）是所有单质中最高的。根据这种性质，金刚石被用作钻探、切割和刻痕的硬质材料。石墨虽然是层状晶体，它的熔点（3 527 ℃）也很高。由于石墨具有良好的化学稳定性、传热导电性，在工业上用作电极、坩埚和热交换器的材料。

非金属单质一般是非导体，也有一些单质具有半导体性质，如 B、C、Si、P、As、Se、Te、I 等。单质半导体材料以 Si 和 Ge 为最好，其他如 I 易升华，B 熔点（2 300 ℃）高。在 P 的同素异形体中，白磷剧毒（致死量 0.1 g），因而不能作为半导体材料。

2. 非金属单质的化学性质

在常见的非金属元素中，F、Cl、Br、P、S 较活泼，而 N、B、C、Si 在常温下不活泼。活泼的非金属元素容易与金属元素形成卤化物、氧化物、氢化物、无氧酸和含氧酸等。大部分非金属单质不与水反应，卤素仅部分地与水反应，碳在炽热的条件下才与水蒸气反应。非金属元素一般不与稀酸反应，碳、磷、硫、碘等能被浓 HNO_3 或浓 H_2SO_4 所氧化。有不少非金属单质（多变价元素）在碱性水溶液中发生歧化反应，或者与强碱反应，但非歧化反应。

非金属元素容易形成单原子或多原子的阴离子。非金属单质的特性是易得电子，呈现氧化性，且其性质递变基本上符合周期系中非金属性递变规律及标准电极电势 $\varphi^\ominus$ 的顺序。但除 F_2、O_2 外，大多数非金属单质既具有氧化性又具有还原性。在实际中有重要意义的，可分成下列四个方面。

（1）较活泼的非金属单质常用作氧化剂。

如 F_2、O_2、Cl_2、Br_2 具有强氧化性，其氧化性强弱可用 $\varphi^\ominus$ 定量判别，对于指定反应既可以从 $\varphi^\ominus$（正）$>\varphi^\ominus$（负），也可从反应的 $\Delta G<0$ 来判别反应自发进行的方向。

例如，我国四川盛产井盐，盐卤水含碘 $0.5 \sim 0.7 \text{ g} \cdot \text{dm}^{-3}$，若通入氯气可制碘，这是由于：

$$Cl_2 + 2I^- === 2Cl^- + I_2$$

必须注意，通氯气不能过量。因为过量 Cl_2 可将 I_2 进一步氧化为无色 IO_3^- 而得不到预期的产品 I_2。

$$5Cl_2 + I_2 + 6H_2O === 10Cl^- + 2IO_3^- + 12H^+$$

从电极电势看，这是由于 $\varphi^\ominus(Cl_2/Cl^-) = 1.358 \text{ V} > \varphi^\ominus(IO_3^-/I_2) = 1.195 \text{ V}$，$Cl_2$ 具有较强的氧化性，I_2 则具有一定的还原性。

（2）较不活泼的非金属单质如 C、H_2、Si 常用作还原剂。

例如，作为我国主要燃料的煤或用于炼铁的焦炭，就是利用碳的还原性；硅的还原性不如碳强，不与任何单一的酸作用，但能溶于 HF 和 HNO_3 的混合酸中，也能与强碱作用生成硅酸盐和氢气：

$$3Si + 18HF + 4HNO_3 === 3H_2[SiF_6] + 4NO(g) + 8H_2O$$

$\varphi^\ominus(SiF_6^{2-}/Si) = -1.24 \text{ V}$

$$Si + 2NaOH + H_2O === Na_2SiO_3 + 2H_2(g) \qquad \varphi^\ominus(SiO_3^{2-}/Si) = -1.73 \text{ V}$$

铸造生产中用水玻璃（硅酸钠水溶液）与砂造型时，为了加速水玻璃的硬化作用，常在水玻璃与砂的混合料中加入少量硅粉。硅酸钠与水作用生成硅酸和氢氧化钠，硅粉与生成的氢氧化钠按上式反应并放出大量的热，加速铸型的硬化，这种型砂生产上叫作水玻璃自硬砂。

较不活泼的非金属单质在一般情况下还原性不强，不与盐酸或稀硫酸等作用，不能从酸中置换出氢气，即非金属元素不与非氧化性酸反应。但 I、S、P、C、B 等单质均能被浓硝酸或浓硫酸氧化生成相应的氧化物或含氧酸。

$$S + 2HNO_3(\text{浓}) \longrightarrow H_2SO_4 + 2NO$$

$$C + 2H_2SO_4(\text{浓}) \longrightarrow CO_2 + 2SO_2 + 2H_2O$$

硼、硅、磷、硫、氯等单质也能与较浓的强碱反应。如：

$$3Cl_2 + 6NaOH \xrightarrow{\Delta} 5NaCl + NaClO_3 + 3H_2O$$

$$3S + 6NaOH \xrightarrow{\Delta} 2Na_2S + Na_2SO_3 + 3H_2O$$

$$4P + 3NaOH + 3H_2O === 3NaH_2PO_2 + PH_3 \uparrow$$

$$Si + 2NaOH + H_2O === Na_2SiO_3 + 2H_2 \uparrow$$

$$2B + 2NaOH + 2H_2O === 2NaBO_2 + 3H_2 \uparrow$$

碳、氮、氧、氟等单质无这些反应。

（3）大多数非金属单质既具有氧化性又具有还原性。

以 H_2 为例，高温时氢气变得较为活泼，能在氧气中燃烧，产生无色但温度较高的火焰（氢氧焰）。燃烧是由于反应放出大量的热，氢氧焰可用于焊接钢板、铝板以及不含碳的合金等。在一定条件下，氢气和氧气的混合气体遇火能发生爆炸，因此工程或实验室中使用氢气时要注意安全。

但是，氢气与活泼金属反应时则表现出氧化性。例如：

$$2Li + H_2 \xrightarrow{\Delta} 2LiH$$

$$Ca + H_2 \xrightarrow{\Delta} CaH_2$$

反应生成物氢化锂和氢化钙都是离子型氢化物，这些晶体中氢以 H^- 状态存在。它们是优良的还原剂，能将一些金属氧化物或卤化物还原为金属。例如：

$$2LiH + TiO_2 = 2LiOH + Ti$$

这些离子型氢化物也能与水迅速反应而产生氢气，用于救生衣、救生筏、军用气球和气象气球的充气。

$$CaH_2 + 2H_2O = 2H_2(g) + Ca(OH)_2$$

也可利用此反应来测定并排除系统中的痕量湿气，因而氢化钙可用作有效的干燥剂和脱水剂。

在这些既具有氧化性又具有还原性的非金属单质中，Cl_2、Br_2、I_2、P_4、S_8 等能发生歧化反应。如，氯气与水作用生成盐酸和次氯酸（HClO），是典型的歧化反应：

$$Cl_2 + H_2O = HCl + HClO$$

$Br_2(l)$、$I_2(s)$ 与水的作用和 $Cl_2(g)$ 与水的作用相似，但依 Cl_2、Br_2、I_2 的顺序，反应的趋势或程度依次减小。这与卤素的标准电极电势 $\varphi^{\ominus}$ 的数值自 Cl_2 到 I_2 依次减小相吻合。

卤素单质极易溶于碱溶液，可以看作由于碱的存在，促使卤素（以 Cl_2 为例）与水反应的平衡向右移动所致。Cl_2 与 NaOH 溶液的反应可表示为：

$$Cl_2 + 2NaOH = NaCl + NaClO + H_2O$$

氯与生石灰反应生成钙盐，可作为洗衣房的固体漂白剂、游泳池的杀藻剂和杀菌剂。

$$CaO(s) + Cl_2(g) = CaCl(OCl)(s)$$

次卤酸离子（ClO^-、BrO^-、IO^-）都易于歧化成相应的卤离子（X^-）（X 为 Cl、Br、I）和卤酸根离子（XO_3^-）：

$$3XO^- = XO_3^- + 2X^-$$

尽管上述 3 种 XO^- 歧化反应的平衡常数都很大，但歧化反应的速率差别很大。在任何温度时，IO^- 的歧化反应最快，而 BrO^- 在室温时反应速率适中（BrO^- 的溶液只有在低温时才能制成）。在室温下 ClO^- 的歧化反应很慢（活化能很高),因此其溶液可以保持适当时间,这是次氯酸盐能作为液体漂白剂出售的原因。

(4) 一些不活泼的非金属单质具有化学惰性。

如稀有气体、N_2 等通常不与其他物质反应,常用作惰性介质或保护性气体。

6.2.3 重要非金属元素化合物

1. 含氧酸及其盐

由于含氧酸盐比含氧酸稳定,所以含氧酸盐的种类要比含氧酸多得多。含氧酸盐矿物占所有已知矿物的 2/3,为地壳和海洋的主要成分。自然界中常见的是硼、碳、氮、磷、硅、硫等元素的含氧酸盐。

(1) 碳酸及其盐。

CO_2 溶于水,其溶液呈酸性,因此称其为碳酸,纯的碳酸至今尚未制得。H_2CO_3 是二元弱酸,在水溶液中存在平衡:

$$H_2CO_3 \rightleftharpoons H^+ + HCO_3^- \qquad K_{a1}^\ominus = 1 \times 10^{-6.4}$$

$$HCO_3^- \rightleftharpoons H^+ + CO_3^{2-} \qquad K_{a2}^\ominus = 1 \times 10^{-10.3}$$

碳酸盐有两种类型:正盐(碳酸盐)和酸式盐(碳酸氢盐)。碱金属(锂除外)和铵的碳酸盐易溶于水,其他金属的碳酸盐难溶于水。对于难溶的碳酸盐来说,其相应的酸式碳酸盐溶解度较大。例如:

$$CaCO_3 + CO_2 + H_2O \rightleftharpoons Ca(HCO_3)_2$$
$$\text{难溶} \qquad\qquad\qquad \text{易溶}$$

碳酸是弱酸,故可溶性的碳酸盐在水中发生下述水解反应:

$$CO_3^{2-} + H_2O \rightleftharpoons HCO_3^- + OH^-$$

$$HCO_3^- + H_2O \rightleftharpoons H_2CO_3 + OH^-$$

按其热稳定性来说,正盐比酸式盐稳定,酸式盐比酸稳定。

$$Ca(HCO_3)_2 \longrightarrow CaCO_3(s) + H_2O + CO_2(g)$$

碱土金属碳酸盐的热稳定性的顺序是(见表 6-3):

$$BaCO_3 > SrCO_3 > CaCO_3 > MgCO_3$$

表 6-3 一些碳酸盐的热分解温度

盐	Li_2CO_3	Na_2CO_3	$BeCO_3$	$MgCO_3$	$CaCO_3$	$SrCO_3$
热分解温度/℃	~1 100	~1 800	25	558	841	1 098
金属离子半径/pm	68	97	35	66	99	112

续表6-3

盐	Li$_2$CO$_3$	Na$_2$CO$_3$	BeCO$_3$	MgCO$_3$	CaCO$_3$	SrCO$_3$
金属离子的电子构型	2	8	2	8	8	8

盐	BaCO$_3$	ZnCO$_3$	CdCO$_3$	PbCO$_3$	FeCO$_3$	Ag$_2$CO$_3$
热分解温度/℃	1 292	350	360	300	282	275
金属离子半径/pm	134	74	97	120	74	126
金属离子的电子构型	8	18	18	18+2	14	18

(2) 氮的含氧酸及其盐。

1) 硝酸及其盐。

纯硝酸是无色、易挥发、有刺激性气味的液体，密度为 1.502 7 g·cm^{-3}，沸点为 83 ℃，凝固点为 -42 ℃。它能以任何比例溶于水。一般市售的浓硝酸浓度大约为 69%。浓度 98% 以上的浓硝酸在空气里发烟，因溶有过多的 NO$_2$，所以硝酸呈棕红色叫发烟硝酸。在空气中发烟是因为挥发出来的 NO$_2$ 和空气中的水蒸气相遇，生成极微小的硝酸液滴的缘故。

硝酸很不稳定，容易分解。

$$4HNO_3 \xrightarrow[\text{或光照}]{\triangle} 2H_2O + 4NO_2\uparrow + O_2\uparrow \quad (-259.4 \text{ kJ})$$

为了防止硝酸分解，硝酸都装在棕色瓶里，贮放在阴凉避光处。

硝酸是一种很强的氧化剂，不论稀硝酸还是浓硝酸都有氧化性，几乎能与所有的金属（除金、铂等）或非金属发生氧化还原反应。

硝酸与金属发生反应时，主要是 +5 价氮得到电子，被还原成较低价氮的化合物，并不像盐酸与活泼金属反应那样放出氢气。除金、铂等少数金属外，硝酸几乎可以使所有的金属氧化而生成硝酸盐。有些金属如铝、铁等虽然溶于稀硝酸，但在浓硝酸中表面会形成一层薄而致密的氧化物薄膜，发生钝化现象。

硝酸还能使许多非金属（如碳、硫、磷）及某些有机物（如松节油、锯末等）氧化，如：

$$4HNO_3 + C = 2H_2O + 4NO_2\uparrow + CO_2\uparrow$$

硝酸还能与有机物发生硝化作用。

浓硝酸和稀硝酸都能与铜起反应。浓硝酸反应激烈，有红棕色气体产生，稀硝酸反应较慢，有无色气体产生，遇空气变红棕色。

硝酸是化学工业中极为重要的原料。根据它的强酸性、强氧化性和硝化作用，在国防和工业上用来制造炸药、黑色火药。在制药、塑料、染料工业上也有着广泛的应用。重要的硝酸盐有硝酸钠、硝酸钾和硝酸铵等。它们都是常用的氮肥。

硝酸盐不稳定，加热易分解放出氧气，所以在高温时，硝酸盐是强氧化剂。我国发明的黑火药就是硝酸钾、硫黄和木炭混合而成的，其燃烧反应大致如下：

$$2KNO_3 + S + 3C \longrightarrow K_2S + N_2 + 3CO_2$$

硝酸铵是爆炸力很强的硝铵炸药的主体，其分解反应是：

$$2NH_4NO_3 \longrightarrow 2N_2 + 4H_2O + O_2$$

固体硝酸盐的热分解有这样的规律：最活泼金属的硝酸盐，加热分解出氧和亚硝酸盐；电动序在 Mg 与 Cu 之间的金属的硝酸盐，分解出氧和二氧化氮，并生成金属氧化物；电动序在 Cu 之后的金属的硝酸盐，分解出氧和二氧化氮，并生成金属单质：

$$2NaNO_3 \xrightarrow{\Delta} 2NaNO_2 + O_2$$

$$2Pb(NO_3)_2 \xrightarrow{\Delta} 2PbO + 4NO_2 + O_2$$

$$2AgNO_3 \xrightarrow{\Delta} 2Ag + 2NO_2 + O_2$$

一切硝酸盐都易溶于水。

2）亚硝酸及其盐。

将等物质的量的 NO 和 NO_2 混合物溶解在冰水中或向亚硝酸盐的冷溶液中加酸时，生成亚硝酸：

$$NO + NO_2 + H_2O \rightleftharpoons 2HNO_2$$

$$NaNO_2 + H_2SO_4 \rightleftharpoons HNO_2 + NaHSO_4$$

亚硝酸，淡灰蓝色、很不稳定，仅存在于冷的稀溶液中，微热甚至冷时便分解为 NO、NO_2 和 H_2O。

亚硝酸是一种弱酸，但比醋酸略强。

$$HNO_2 = H^+ + NO_2^- \qquad K_a = 5 \times 10^{-4} \text{ (291 K)}$$

亚硝酸盐中氮的氧化值为 +3，处于中间价态，它既有氧化性又有还原性。在酸性溶液中的标准电极电势为：

$$HNO_2(aq) + H^+(aq) + e^- \rightleftharpoons NO(g) + H_2O(l);$$
$$\varphi^{\ominus}(HNO_2/NO) = 0.983 \text{ V}$$

$$NO_3^-(aq) + 3H^+(aq) + 2e^- \rightleftharpoons HNO_2(aq) + H_2O(l);$$
$$\varphi^{\ominus}(NO_3^-/HNO_2) = 0.934 \text{ V}$$

亚硝酸盐在酸性介质中主要表现为氧化性。例如，能将 KI 氧化为单质碘，将 NO_2^- 还原为 NO：

$$2NO_2^- + 2I^- + 4H^+ =\!=\!= 2NO(g) + I_2(s) + 2H_2O$$

亚硝酸盐遇较强氧化剂如 $KMnO_4$、$K_2Cr_2O_7$、Cl_2 时，会被氧化为硝酸盐：

$$Cr_2O_7^{2-} + 3NO_2^- + 8H^+ =\!=\!= 2Cr^{3+} + 3NO_3^- + 4H_2O$$

亚硝酸盐均可溶于水并有毒，是致癌物质。

(3) 硫的含氧酸及其盐。

硫是有多种氧化数的元素，因而有许多含硫的氧化剂和还原剂。常用的氧化剂有硫酸、过二硫酸盐；常用的还原剂有硫化氢、亚硫酸钠、硫代硫酸钠等。

1）硫酸及其盐。

纯硫酸是一种无色的油状液体，加热时，它会放出 SO_3 直到酸的浓度降低为 98.3% 为止。工业用浓硫酸浓度是 96%，密度是 $1.840\ 0\ g \cdot mL^{-1}$。

浓硫酸能以任何比例与水相溶，混合时放出大量的热，因此在稀释浓硫酸时，必须注意，只能在搅拌下，把浓硫酸缓慢地倾入水中，绝对不能将水倾入浓硫酸中。它的水溶液具有酸类的一切通性。

浓硫酸具有强烈的吸水性和脱水性。浓硫酸能直接吸收空气里的水分，常用作干燥剂。浓硫酸还能够从纸张、木材、衣服、皮肤、糖等有机化合物中，按水的组成比夺取氢、氧原子，而使有机物碳化。

$$C_{12}H_{22}O_{11} \xrightarrow{\text{浓硫酸}} 12C + 11H_2O$$

浓硫酸具有强的氧化性。在常温下，浓硫酸和某些金属如铁、铝等接触，能够使金属表面生成一薄层致密的氧化物保护膜而"钝化"。因此，浓硫酸可以用铁或铝的容器贮存。但是，在受热情况下，浓硫酸不仅能和铁、铝起反应，而且能和绝大多数金属起反应。它是一种强氧化剂。例如：

$$Cu + 2H_2SO_4(\text{浓}) =\!=\!= CuSO_4 + SO_2\uparrow + 2H_2O$$
$$Hg + 2H_2SO_4(\text{浓}) =\!=\!= HgSO_4 + SO_2\uparrow + 2H_2O$$

稀硫酸只与金属活动顺序表中氢以前的金属反应放出氢气：

$$Zn + H_2SO_4(\text{稀}) =\!=\!= ZnSO_4 + H_2\uparrow$$
$$Fe + H_2SO_4(\text{稀}) =\!=\!= FeSO_4 + H_2\uparrow$$

硫酸是一种难挥发的强酸，可用来制取挥发性的盐酸、硝酸和磷酸。

硫酸是化学工业中一种重要的化工原料。人们往往用硫酸的年产量来衡量一个国家的化工生产能力。硫酸大量用于肥料工业中制造过磷酸钙和硫酸铵。还大量用于石油精炼、炸药生产及各种染料、颜料、人造丝和药物的制造等。

重要的硫酸盐有：

硫酸钙（见 6.3.3 的金属元素有关内容）。

硫酸钠，带 10 个分子结晶水的硫酸钠是一种白色晶体，俗称芒硝，在高温下也是稳定的。

硫酸锌，带 7 个分子结晶水的硫酸锌是无色晶体，俗称皓矾，在印染工业上用作媒染剂，使染料固着于纤维上。在铁路施工中用它的溶液浸枕木，是木材的防腐剂。医疗上用硫酸锌的水溶液作收敛剂，可使有机体组织收缩，减少腺体的分泌；浓度较小的水溶液可用做眼药水。另外，还可用硫酸锌制造白色颜料锌钡白。

硫酸钡，可做白色颜料，天然的硫酸钡叫重晶石，是制造硫酸钡的原料。硫酸钡不溶于水，也不溶于酸，利用这种性质，以及不易被 X 射线透过的性质，医疗上常用硫酸钡作为造影剂对食管、肠胃进行 X 射线透视检查，称作钡餐。

五水硫酸铜，又称胆矾，天蓝色晶体，工业上利用它提炼纯铜，还利用它进行镀铜等。

2）亚硫酸及其盐。

SO_2 的水溶液实际上是一种水合物 $SO_2 \cdot xH_2O$，目前没有制得游离的亚硫酸，在水溶液中时，显著地分解为 SO_2 和 H_2O。

二元弱酸：$K_{a1} = 1.54 \times 10^{-2}$、$K_{a2} = 1.02 \times 10^{-7}$，可知其酸性比碳酸的要强。

在酸性介质中 H_2SO_3 的氧化性不强，而在碱性介质中还原性很强。亚硫酸及其盐中硫的氧化数为 +4，可以失去电子（氧化数变为 +6）而表现出还原性，也可获得电子（氧化数变为 -2 或 0）而表现出氧化性。但更主要的是在碱性介质中表现出的强还原性，是常用的还原剂：

$SO_3^{2-} + 2OH^- - 2e^- \rightleftharpoons SO_4^{2-} + H_2O \qquad \varphi^\ominus = -0.92V$

$Na_2SO_3 + Cl_2 + H_2O = Na_2SO_4 + 2HCl$

$3Na_2SO_3 + K_2Cr_2O_7 + 4H_2SO_4 = K_2SO_4 + Cr_2(SO_4)_3 + 3Na_2SO_4 + 4H_2O$

3）硫代硫酸盐。

硫代硫酸盐是中等强度的还原剂：

$2S_2O_3^{2-} - 2e^- \rightleftharpoons S_4O_6^{2-} \qquad \varphi^\ominus = -0.08 V$

$S_2O_3^{2-} + 4Cl_2 + 5H_2O = 2SO_4^{2-} + 8Cl^- + 10H^+$

$2S_2O_3^{2-} + I_2 = S_4O_6^{2-} + 2I^-$

最常用的是大苏打 $Na_2S_2O_3 \cdot 5H_2O$，又名海波，其常用制备方法是：

$Na_2SO_3 + S = Na_2S_2O_3$

$2Na_2S + Na_2CO_3 + 4SO_2 = 3Na_2S_2O_3 + CO_2$

硫代硫酸钠是无色透明晶体，易溶于水，其水溶液呈弱碱性，在中性、碱性溶液中很稳定，在酸性溶液中迅速分解。

$$Na_2S_2O_3 + 2HCl =\!=\!= 2NaCl + SO_2\uparrow + S\downarrow + H_2O$$

硫代硫酸根有很强的配位能力：

$$2S_2O_3^{2-} + Ag^+ =\!=\!= [Ag(S_2O_3)_2]^{3-}$$

或

$$S_2O_3^{2-} + 2Ag^+ =\!=\!= Ag_2S_2O_3\downarrow（白色）$$

$$Ag_2S_2O_3 + 3S_2O_3^{2-} =\!=\!= 2[Ag(S_2O_3)_2]^{3-}$$

大苏打在工业上主要用于鞣革、漂染、照相中的胶片定影剂等。

(4) 氯的含氧酸及其盐。

氯有四种含氧酸，对应的盐也有四类。它们的热稳定性和氧化性的变化规律恰好相反。氯的含氧酸根离子在酸性溶液中都是强氧化剂。（表6-4）

表6-4 氯的含氧酸及其钾盐性质的递变

氧化数	酸	钾盐	热稳定性	氧化性
+1	次氯酸 $HClO$	$KClO$	增↓强	减↓弱
+3	亚氯酸 $HClO_2$	$KClO_2$		
+5	氯酸 $HClO_3$	$KClO_3$		
+7	高氯酸 $HClO_4$	$KClO_4$		

氧化性增强 ←—————— 稳定性增强 ——————→

1) 次卤酸及其盐。

在这些氯的含氧酸及盐中，次氯酸是应用最广的，主要是用于漂白和杀菌。漂白粉的主要成分是次氯酸盐，它由 Cl_2 通入消石灰中制得。次卤酸及其盐很不稳定，尤其是次碘酸。它们能以两种方式分解：

$$2HClO =\!=\!= 2HCl + O_2$$
$$3HClO =\!=\!= HClO_3 + 2HCl$$
$$4HBrO =\!=\!= 2Br_2 + 2H_2O + O_2$$
$$5HBrO =\!=\!= HBrO_3 + 2Br_2 + 2H_2O$$

由于 IO^- 歧化很快，溶液中 IO^- 不存在。因此 I_2 与碱反应能定量地得到碘酸盐。

$$3I_2 + 6OH^- =\!=\!= IO_3^- + 5I^- + 3H_2O$$

2) 卤酸及其盐。

卤酸都是强酸，按 $HClO_3$—$HBrO_3$—HIO_3 的顺序酸性依次减弱，稳定性依次增强。

卤酸的浓溶液都是强氧化剂，其中以溴酸的氧化性最强：

$$2BrO_3^- + 2H^+ + I_2 =\!=\!= 2HIO_3 + Br_2$$

$$2ClO_3^- + 2H^+ + I_2 =\!=\!= 2HIO_3 + Cl_2\uparrow$$

$$2BrO_3^- + 2H^+ + Cl_2 =\!=\!= 2HClO_3 + Br_2$$

卤酸盐中比较重要的，且有实用价值的是氯酸盐，其中最常见的是 $KClO_3$ 和 $NaClO_3$。

$NaClO_3$ 易潮解，而 $KClO_3$ 不会吸潮，可制得干燥产品。

工业上制备 $KClO_3$ 通常用无隔膜电解槽电解热的（约400 K）NaCl 溶液，得到 $NaClO_3$ 后再与 KCl 进行复分解反应，由于 $KClO_3$ 的溶解度较小，可从溶液中析出：

$$NaClO_3 + KCl =\!=\!= KClO_3 + NaCl$$

氯酸钾在高温时是一个重要的强氧化剂。

$$4KClO_3 \xrightarrow{480\ ℃} 3KClO_4 + KCl$$

$$2KClO_3 \xrightarrow{MnO_2} 2KCl + 3O_2$$

将 $KClO_3$ 与易燃物（如炭粉、木屑、有机物）一起加热，会发生猛烈爆炸。氯酸钾用来制造炸药和火药，也是安全火柴、焰火中的成分。

3）高卤酸及其盐。

$HClO_4$ 是已知酸中最强的酸，浓热的 $HClO_4$ 是强的氧化剂，遇到有机物质会发生爆炸性反应，但稀冷的 $HClO_4$ 溶液几乎不显氧化性。

高氯酸盐比其他氯的含氧酸盐稳定，它在中性及碱性溶液中无显著氧化性。在高温时按下式分解：

$$KClO_4 \xrightarrow{\triangle} KCl + 2O_2$$

这是一个很弱的吸热反应，但产生的氧气多，余下的残渣少，可制得威力比 $KClO_3$ 还大的炸药。

高氯酸铵的分解反应如下：

$$4NH_4ClO_4 \xrightarrow{\triangle} 2N_2 + 6H_2O + 4HCl + 5O_2 \qquad \Delta_r H_m^\ominus = -261.5\ kJ\cdot mol^{-1}$$

它是某些炸药及火药的主要成分，也是火箭固体推进剂的主要组分。

（5）硼的含氧酸及其盐。

1）硼酸。

硼酸是白色、有光泽的鳞片状晶体，微溶于水，有滑腻感，可作润滑剂。硼酸受热脱水时生成偏硼酸和 B_2O_3：

$$H_3BO_3 \xrightarrow[-H_2O]{加热} HBO_2（偏硼酸） \xrightarrow[-H_2O]{加热} B_2O_3$$

硼酸是一元弱酸（$K_a^{\ominus} = 5.75 \times 10^{-10}$），$H_3BO_3$ 的酸性并不是由于它本身能给出质子，而是由于硼酸是一个缺电子化合物，其中硼原子的空轨道加合了 H_2O 分子中的 OH^-，从而释出 H^+。

$$H_3BO_3 + H_2O \rightleftharpoons \left[HO\!-\!\!\overset{\overset{\displaystyle OH}{|}}{\underset{\underset{\displaystyle OH}{|}}{B}}\!\!\leftarrow\!OH \right]^- + H^+$$

硼酸主要应用于玻璃、陶瓷工业。食品工业上用作防腐剂。医药上用作消毒剂，2%～5% 的硼酸水溶液可用于洗眼、漱口等，10% 的硼酸软膏用于治疗皮肤溃疡。用硼酸作原料与甘油制成的硼酸甘油是治疗中耳炎的滴耳剂。

2）硼砂。

硼砂是最重要的硼酸盐，化学名称是四硼酸钠，化学式为 $Na_2[B_4O_5(OH)_4]\cdot 8H_2O$，习惯上写为 $Na_2B_4O_7\cdot 10H_2O$。四硼酸根阴离子结构如下所示：

$$\left[\begin{array}{c} \text{结构图} \end{array} \right]^{2-}$$

硼砂是无色透明的晶体，在干燥的空气中易失水风化，加热到较高温度时可失去全部结晶水成为无水盐。硼砂易溶于水，水溶液显示强碱性。硼砂主要用作洗涤剂生产中的添加剂。

熔融硼砂可以溶解许多金属氧化物，生成不同颜色的偏硼酸的复盐。

$$Na_2B_4O_7 + CoO \Longrightarrow Co(BO_2)_2\cdot 2NaBO_2 \text{（蓝宝石色）}$$
$$Na_2B_4O_7 + NiO \Longrightarrow Ni(BO_2)_2\cdot 2NaBO_2 \text{（热时紫色，冷时棕色）}$$

在分析化学上用硼砂来鉴定金属离子，称为硼砂珠实验。

硼砂在中药上叫盆砂，其作用与硼酸相似，可治疗咽喉炎、口腔炎、中耳炎。冰硼散及复方硼砂含漱液的成分即为硼砂。

2. 非金属元素氢化物

（1）氨。

氨是一种有刺激臭味的无色气体。它在常温下很容易被加压液化，有较大的蒸发热，因此，常用它来作冷冻机的循环制冷剂。氨极易溶于水。氨分子具有极性，液氨的分子间存在着强的氢键，故在液氨中存在缔合分子。液氨是有机化合物的较好溶剂，溶解离子型的无机物则不如水。液氨像水一样可以解离：

$$2NH_3 \Longrightarrow NH_4^+ + NH_2^- \quad K = 1.9 \times 10^{-30} \text{ (223 K)}$$

氨是氮的最重要化合物之一。在工业上氨的制备是用氮气和氢气在高温高压和催化剂存在下合成的。在实验室中通常用铵盐和碱的反应来制备少量氨气。

氨具有还原性，常温下，氨在水溶液中能被 Cl_2、H_2O_2、$KMnO_4$ 等氧化，例如：

$$3Cl_2 + 2NH_3 \Longrightarrow N_2 + 6HCl$$

若 Cl_2 过量则得 NCl_3：

$$3Cl_2 + NH_3 \Longrightarrow NCl_3 + 3HCl$$

能发生取代反应：(是氨分子中的氢被其他原子或基团所取代)

$$HgCl_2 + 2NH_3 \Longrightarrow HgNH_2Cl\downarrow (白色) + NH_4Cl$$

能发生氨解反应：

$$COCl_2 + 4NH_3 \Longrightarrow CO(NH_2)_2 + 2NH_4Cl$$
（光气） （尿素）

这种反应与水解反应相类似，所以称为氨解反应。

可做配体发生配合反应：氨中氮原子上的孤电子对能与其他离子或分子形成共价配，如 $[Ag(NH_3)_2]^+$ 和 $BF_3 \cdot NH_3$ 都是氨配合物。

可与酸发生中和反应，$NH_3 \cdot H_2O$ 的 $K_b = 1.8 \times 10^{-5}$，呈弱碱性。

（2）过氧化氢。

过氧化氢，其水溶液俗称双氧水。纯的过氧化氢是一种淡蓝色的黏稠液体，密度为 $1.465 \text{ g} \cdot \text{cm}^{-3}$，能以任意比例与水混合。分子间具有较强的氢键，故在液态和固态中存在缔合分子，使它具有较高的沸点和熔点。

H_2O_2 中氧的氧化值为 -1，介于 0 价与 -2 价之间，H_2O_2 既具有氧化性又具有还原性，而且还会发生歧化反应。

实验室中可用稀 H_2SO_4 与 Na_2O_2 或 BaO_2 反应制备 H_2O_2：

$$BaO_2 + H_2SO_4 \Longrightarrow BaSO_4\downarrow + H_2O_2$$

$$Na_2O_2 + H_2SO_4 + 10H_2O \xrightarrow{低温} Na_2SO_4 \cdot 10H_2O + H_2O_2$$

H_2O_2 在酸性或碱性介质中都显示出相当强的氧化性。在酸性介质中，H_2O_2 可把 I^- 氧化成 I_2（并且还可以将 I_2 进一步氧化为碘酸 HIO_3），H_2O_2 则被还原为 H_2O（OH^-）：

$$H_2O_2 + 2I^- + 2H^+ \Longrightarrow I_2 + 2H_2O$$

但遇到更强的氧化剂如氯气、酸性高锰酸钾等时，H_2O_2 又显示出还原性

而被氧化为 O_2。例如：
$$2MnO_4^- + 5H_2O_2 + 6H^+ = 2Mn^{2+} + 5O_2 + 8H_2O$$
H_2O_2 的分解反应是一个歧化反应：
$$2H_2O_2(l) = 2H_2O(l) + O_2(g) \quad \Delta_r H_m^\ominus = -195.9 \text{ kJ} \cdot \text{mol}^{-1}$$
根据标准电极电势（酸性介质中）：
$$\varphi^\ominus(H_2O_2/H_2O) = 0.695 \text{ V}$$
$$\varphi^\ominus(O_2/H_2O_2) = 1.776 \text{ V}$$

可知，H_2O_2 作氧化剂的 $\varphi^\ominus$（H_2O_2/H_2O）大于它作还原剂的 $\varphi^\ominus$（O_2/H_2O_2）。因此 H_2O_2 的歧化反应是热力学上可自发进行的反应，即液态 H_2O_2 是热力学不稳定的。但无催化剂存在时，在室温下，它分解得还不算快。很多物质，如 I_2、MnO_2 以及多种重金属离子（Fe^{2+}、Mn^{2+}、Cr^{3+} 等）都可使 H_2O_2 催化分解，分解时可发生爆炸，同时放出大量的热。在见光或加热时 H_2O_2 的分解过程也会加速。因此 H_2O_2 应置于棕色瓶中，并放在阴冷处。H_2O_2 的水溶液较为稳定，在阴暗处可保存较久。通常应用的是质量分数为 3% 或 30% H_2O_2 溶液。微量的焦磷酸钠或 8 - 羟基喹啉可阻止 H_2O_2 的分解。实践中广泛利用 H_2O_2 的强氧化性、漂白和杀菌作用。H_2O_2 作为氧化剂使用时不会引入杂质。H_2O_2 能将有色物质氧化为无色，且不像氯气会损害动物性物质，所以 H_2O_2 特别适用于漂白象牙、丝、羽毛等物质。H_2O_2 溶液具有杀菌作用，质量分数为 3% 的 H_2O_2 溶液在医学上用作消毒剂。质量分数为 90% 的 H_2O_2 溶液曾作为火箭燃料的氧化剂。

（3）硫化氢。

硫化氢为无色有腐蛋恶臭味的气体，极毒，吸入后可引起头痛、晕眩，大量吸入时会严重中毒甚至死亡，所以其制备和使用必须在通风橱中进行。

硫化氢稍溶于水，其浓度为 $0.1 \text{ mol} \cdot l^{-1}$。硫化氢的水溶液称为氢硫酸，氢硫酸是一种很弱的二元酸，按下式解离：

$$H_2S \rightleftharpoons H^+ + HS^- \quad K_{a1}^\ominus = 1.3 \times 10^{-7}$$
$$HS^- \rightleftharpoons H^+ + S^{2-} \quad K_{a2}^\ominus = 7.1 \times 10^{-15}$$

300 ℃时硫与氢可直接化合成硫化氢，实验室中通常用 FeS 与盐酸反应制取硫化氢。

硫化氢和硫化物中的硫都处于最低氧化数 -2，所以它们都具有还原性，能被氧化成单质硫或更高的氧化数。

硫化氢在空气中燃烧，产生蓝色火焰，当空气充足时，反应为：
$$2H_2S(g) + 3O_2(g) = 2H_2O(l) + 2SO_2(g) \quad \Delta_r H_m^\ominus = -1124 \text{ kJ} \cdot \text{mol}^{-1}$$

H_2S 在水溶液中更容易被氧化,在空气中放置可使 H_2S 水溶液被氧化成游离的硫而使溶液混浊。卤素也能氧化 H_2S。例如:

$$H_2S + Br_2 \Longrightarrow 2HBr + S$$

$$H_2S + 4Cl_2 + 4H_2O \Longrightarrow H_2SO_4 + 8HCl$$

(4) 氯化氢和盐酸。

氯化氢是无色气体,有刺激的气味,并能在空气中发烟,比空气重 1.3 倍,易溶于水。

在实验室中制取氯化氢的气体,可用挥发性小的浓硫酸与食盐混合加热的方法:

$$H_2SO_4(浓) + NaCl \Longrightarrow NaHSO_4 + HCl \uparrow$$

氯化氢的水溶液通常称为盐酸,它是最重要的三大无机酸之一。

纯盐酸是无色透明液体,有刺激性气味。工业上用的盐酸因含有 $FeCl_3$ 等杂质而显黄色。市售的浓盐酸密度为 $1.185 \text{ g} \cdot mL^{-1}$,浓度为 37%,相当于 $12 \text{ mol} \cdot mL^{-1}$。氯化氢很容易从溶液中逸出,遇到潮湿的空气便会发生烟雾。常用的稀盐酸是指含 10% 或更多的氯化氢。盐酸受热易挥发,是一种低沸点的挥发性酸。

盐酸是一种强酸,它具有酸类的一般通性。在分析上常用于溶解试样。

盐酸是一种重要的工业原料,它的用途很广。在很多部门如化学工业中生产氯化钡、氯化钾、苯胺、联苯胺、染料和皂化油脂,冶金工业中湿法冶金,轻工业方面纺织染色、鞣革、电镀等都要用到盐酸。此外,盐酸还大量用于淀粉、葡萄糖以及调味品酱油、味精等的生产上。

6.3 金属元素

6.3.1 金属元素概述

金属元素的化学活泼性差异很大,按化学活泼性,可分为活泼金属(在 s 区及ⅡB族)、中等活泼金属(在 d、ds、p 区)和不活泼金属(在 d、ds 区)。在工程技术上常把金属分为黑色金属和有色金属两大类。黑色金属包括铁、锰、铬及其合金,主要是铁碳合金(钢铁);有色金属包括除黑色金属之外的所有金属及其合金。

金属按其在元素周期表中的位置可分为主族金属元素及过渡(副族)金属元素。主族金属元素位于周期表的 s 区和 p 区,它们在形成化合物时只有最外层的价电子参与成键。元素周期系中 d 区和 ds 区统称为过渡元素或副族元素，位于第 4、5、6 周期的中部。

由于各种金属的化学活泼性相差较大，因而它们在自然界中存在的形式各不相同。少数化学性质不太活泼的金属元素，在自然界中以游离单质存在，其余大多数金属以化合物状态存在。可溶性的化合物，大多溶解在海水、湖水中，少数埋藏于不受水冲刷的岩石下面。难溶的化合物则形成五光十色的岩石，构成坚硬的地壳。

我国金属矿藏的储量极为丰富，如铀、锡、钛、钒、汞、铅、锌、铁、金、银、菱镁矿等均居世界前列，铜、铝、锰等矿的储量也在世界上占有重要地位，钨、钼、硒、锑和稀土的储量都占世界首位。我国是世界上已知矿种比较齐全的少数国家之一，这将为我国社会主义现代化建设提供雄厚的物质基础。但我国人口众多，人均资源在世界上则居于后列，从长远的观点看，矿产资源总是有限的，为了可持续发展，我们必须十分爱惜地使用这些有限的宝藏，因而除了不断地提高矿物的利用率外，还必须重视海洋资源的开发。现已查明，不仅海底有丰富的矿藏，而且海水中也含有 80 多种元素（除了钾、钠、钙、镁外，还含有各种稀有金属，如铷、铀、锂等）。海水中金属浓度虽低，但因海水量十分巨大，所含的金属总量仍是十分可观的。例如，海水中含铀的总量在 40 亿吨以上，相当于陆地铀储量的 400 倍。另外，海水中约有 500 万吨金、8 000 万吨镍、16 000 万吨银、8 万吨钼等。因此，广阔的海洋实在是一个巨大的矿产资源"百宝盆"。绝大多数金属在自然界中都是以它们的化合物或盐的形式存在的。

6.3.2　金属单质的性质

1. 金属的物理性质

金属与非金属的物理性质有很明显的差别，这些差别主要体现在金属光泽、导电性和导热性、密度、硬度、熔沸点、延展性等方面。

（1）密度和硬度。

图 6-2 列出了一些单质密度的数据，从中可以看出，元素单质密度在同一周期呈现出"两头小中间大"的特征；在同一族中，一般是由上而下增大。金属元素单质密度一般较大，是因为它们的晶体结构是金属晶体，原子间以紧密堆积方式排列得比较紧密。s 区金属，虽也是紧密堆积的晶格，但原子半径大而相对原子质量小，因而密度小，属轻金属。金属密度最小的是锂，密度最大的是锇。

单质的硬度也大体呈两头小中间大的特征（见图 6-3）。原子晶体有最大

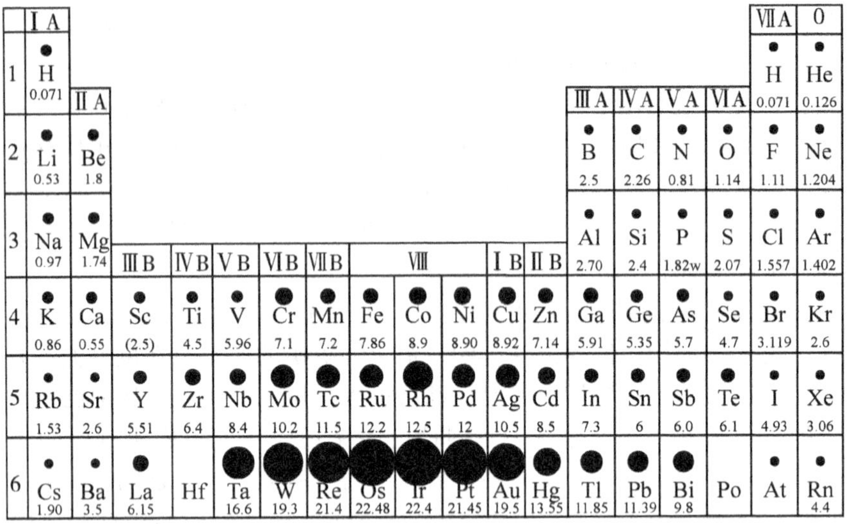

图 6-2 单质的密度（单位 R·cm⁻¹）

	IA												IIIA	IVA	VA	VIA	VIIA	0
1	H 0.071																H 0.071	He 0.126
		IIA																
2	Li 0.53	Be 1.8											B 2.5	C 2.26	N 0.81	O 1.14	F 1.11	Ne 1.204
3	Na 0.97	Mg 1.74	IIIB	IVB	VB	VIB	VIIB	VIII			IB	IIB	Al 2.70	Si 2.4	P 1.82w	S 2.07	Cl 1.557	Ar 1.402
4	K 0.86	Ca 0.55	Sc (2.5)	Ti 4.5	V 5.96	Cr 7.1	Mn 7.2	Fe 7.86	Co 8.9	Ni 8.90	Cu 8.92	Zn 7.14	Ga 5.91	Ge 5.35	As 5.7	Se 4.7	Br 3.119	Kr 2.6
5	Rb 1.53	Sr 2.6	Y 5.51	Zr 6.4	Nb 8.4	Mo 10.2	Tc 11.5	Ru 12.2	Rh 12.5	Pd 12	Ag 10.5	Cd 8.5	In 7.3	Sn 6	Sb 6.6	Te 6.1	I 4.93	Xe 3.06
6	Cs 1.90	Ba 3.5	La 6.15	Hf	Ta 16.6	W 19.3	Re 21.4	Os 22.48	Ir 22.4	Pt 21.45	Au 19.5	Hg 13.55	Tl 11.85	Pb 11.39	Bi 9.8	Po	At	Rn 4.4

的硬度，因为原子是以共价键结合的，结构牢固。金属的硬度一般较大，但它们差别也较大。有的坚硬，如 Cr、W 等；有的软，可用小刀切割，如 Na、K 等。

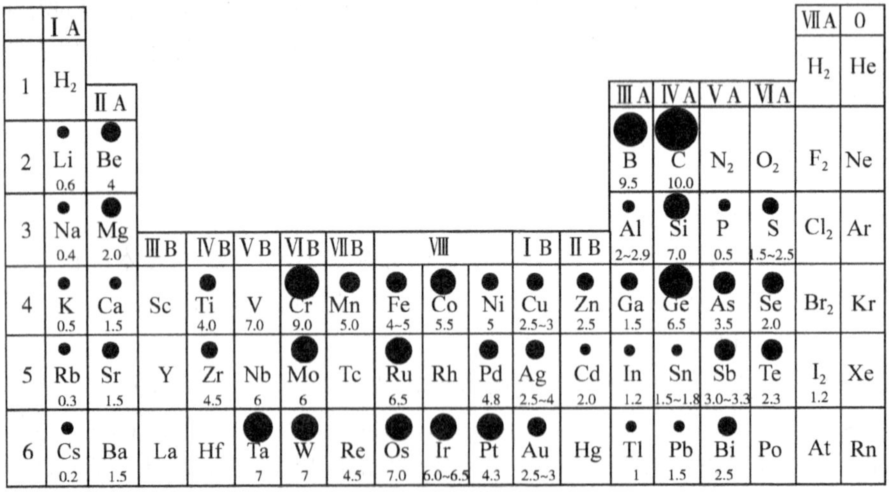

图 6-3 单质的硬度*

	IA												IIIA	IVA	VA	VIA	VIIA	0
1	H₂																H₂	He
		IIA																
2	Li 0.6	Be 4											B 9.5	C 10.0	N₂	O₂	F₂	Ne
3	Na 0.4	Mg 2.0	IIIB	IVB	VB	VIB	VIIB	VIII			IB	IIB	Al 2~2.9	Si 7.0	P 0.5	S 1.5~2.5	Cl₂	Ar
4	K 0.5	Ca 1.5	Sc	Ti 4.0	V 7.0	Cr 9.0	Mn 5.0	Fe 4~5	Co 5.5	Ni 5	Cu 2.5~3	Zn 2.5	Ga 1.5	Ge 6.5	As 3.5	Se 2.0	Br₂	Kr
5	Rb 0.3	Sr 1.5	Y	Zr 4.5	Nb 6	Mo 6	Tc	Ru 6.5	Rh	Pd 4.8	Ag 2.5~4	Cd 2.0	In 1.2	Sn 1.5~1.8	Sb 3.0~3.3	Te 2.3	I₂ 1.2	Xe
6	Cs 0.2	Ba 1.5	La	Hf	Ta 7	W	Re 4.5	Os 7.0	Ir 6.0~6.5	Pt 4.3	Au 2.5~3	Hg	Tl 1	Pb 1.5	Bi 2.5	Po	At	Rn

注：*以金刚石等于10的莫氏硬度表示。这是按照不同矿物的硬度来区分的，硬度大的可以在硬度小的物体表面刻出线纹。这10个等级是：方解石、萤石、磷灰石、冰晶石、石英、黄玉、刚玉、岩盐、骨石、金刚石。

（2）熔点、沸点。

数据表明元素单质的熔点、沸点在同一周期也是“两头小中间大”（见图6－4、图6－5）金属的熔点一般较高，但高低差别很大，最难熔的是W，最易熔的是Hg和Cs，前者在常温下是液体，后者在手上受热即可熔化。

（单位：℃）

图6－4 单质的熔点

注：[1] 在加压下。

（单位：℃）

图6－5 单质的沸点

注：[1] 在减压下；[2] 升华；[3] 在加压下。

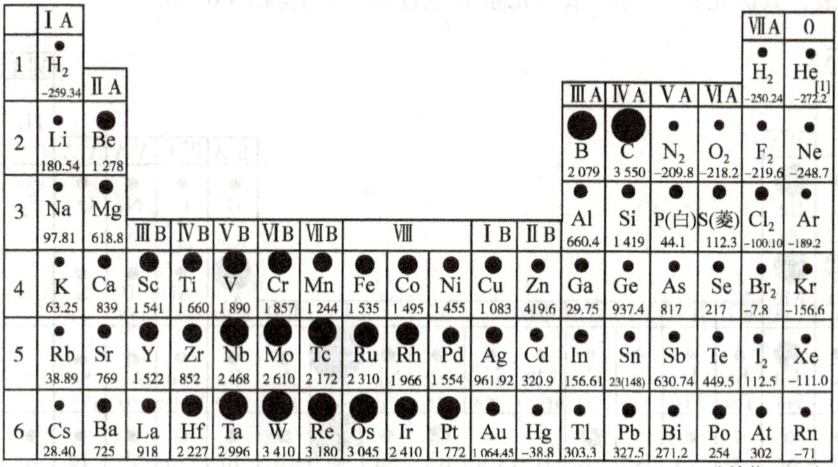

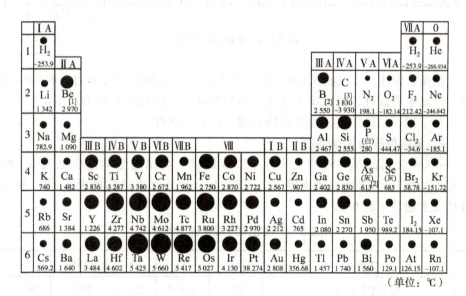

(3) 导电性和延展性。

金属元素的单质是良导体，以分子晶体形成的非金属单质是绝缘体，p 区对角线附近的元素单质多数具有半导体的性质。层状晶体结构的石墨具有良好的导电性。主族元素单质中导电性最强的是金属铝。在所有金属中导电性最强的是银，其次是铜。周期系中元素导电性递变规律见图 6-6。

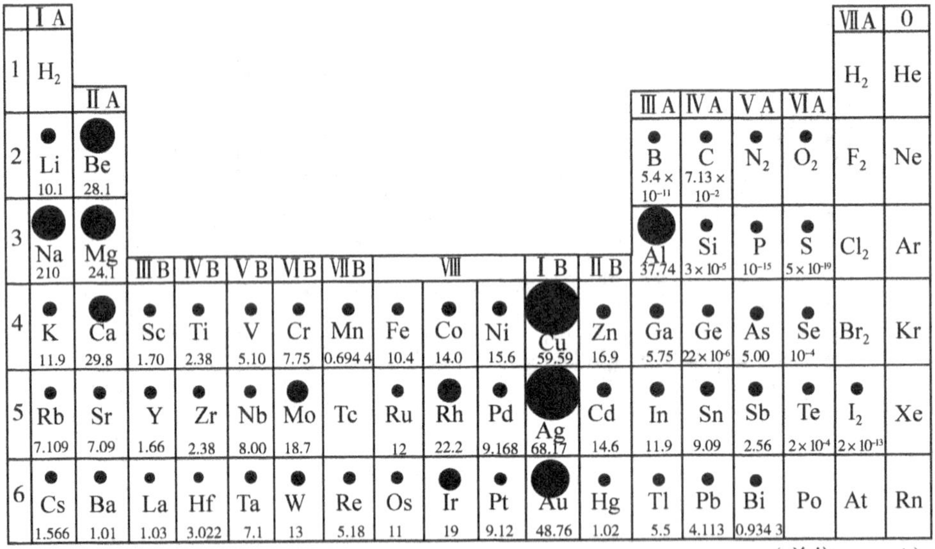

图 6-6 单质的电导率（单位：$s\cdot m^{-1}$）

金属有延性，可以抽成细丝，例如最细的白金（铂）直径不过 1/5 000 mm 厚。金属也有展性，可以压成薄片，例如最薄的金箔只有 1/10 000 mm 厚。也有少数金属，如锑、铋、锰等性质较脆，没有延展性。

2. 金属单质的化学性质

s 区碱金属的基本性质见表 6-5，s 区碱土金属的基本性质见表 6-6，d 区第四周期元素的基本性质见表 6-7，ds 区铜族元素通性见表 6-8，ds 区锌族元素通性见表 6-9。

表 6-5 s 区碱金属的基本性质

性质	Li	Na	K	Rb	Cs
原子半径/pm	152	153.7	227.2	247.5	265.4

续表6-5

性质	Li	Na	K	Rb	Cs
离子半径/pm	68	97	133	147	167
第一电离势/kJ·mol^{-1}	521	499	421	405	371
第二电离势/kJ·mol^{-1}	7 295	4 591	3 088	2 675	2 436
电负性	0.98	0.93	0.82	0.82	0.79
标准电极电势（酸）	-3.045	-2.711	-2.923	-2.925	-2.923
M$^+$(g)水合热/kJ·mol^{-1}	519	406	322	293	264

表6-6　s区碱土金属的基本性质

性质	Be	Mg	Ca	Sr	Ba
原子半径/pm	111.3	160	197.3	215.1	217.3
离子半径/pm	35	66	99	112	134
第一电离势/kJ·mol^{-1}	905	742	593	552	564
第二电离势/kJ·mol^{-1}	1 768	1 460	1 152	1 070	971
第三电离势/kJ·mol^{-1}	14 939	7 658	4 942	4 351	3 575
电负性	1.57	1.31	1.00	0.95	0.89
标准电极电势（酸）	-1.85	-2.375	-2.76	-2.89	-2.90
标准电极电势（碱）	-2.28	-2.69	-3.02	-2.99	-2.97
M^{2+}(g)水合热/kJ·mol^{-1}	2 494	1 921	1 577	1 443	1 305

表6-7　d区第四周期元素的基本性质

性质	Sc	Ti	V	Cr	Mn	Fe	Co	Ni
原子序数	21	22	23	24	25	26	27	28
价电子构型	3d^{1}4s^2	3d^{2}4s^2	3d^{3}4s^2	3d^{5}4s^1	3d^{5}4s^2	3d^{6}4s^2	3d^{7}4s^2	3d^{8}4s^2
共价半径/pm	144	132	122	117	117	115.6	115	116
第一电离势/10eV	5.54	6.82	6.74	5.77	7.44	7.87	7.85	7.64
电负性	1.20	1.32	1.46	1.66	1.60	1.64	1.70	1.76
$\varphi^{\ominus}$M^{2+}/M(V)	—	-1.550	-1.13	-0.91	-1.13	-0.13	-0.23	-0.26

表6-8 ds区铜族元素的通性

元素	元素符号	价电子构型	常见氧化态	第一电离势/ $kJ \cdot mol^{-1}$	第二电离势/ $kJ \cdot mol^{-1}$
铜	Cu	$3d^{10}4s^1$	-1, -2	750	1 970
银	Ag	$4d^{10}5s^1$	+1	735	2 083
金	Au	$5d^{10}6s^1$	+1, +3	895	1 987

表6-9 ds区锌族元素的通性

元素	熔点/K	沸点/K	第一电离势/ $kJ \cdot mol^{-1}$	第二电离势/ $kJ \cdot mol^{-1}$	第三电离势/ $kJ \cdot mol^{-1}$	$M^{2+}(g)$ 水合热/ $kJ \cdot mol^{-1}$	氧化态
Zn	693	1 182	915	1 743	3 837	-2 054	+2
Cd	594	1 038	873	1 641	3 616	-1 316	+2
Hg	234	648	1 013	1 820	3 299	-1 833	+1, +2

（1）还原性。

金属单质的还原性与金属元素的金属性虽然并不完全一致，但总体的变化趋向还是服从元素周期律的。即在短周期中，从左到右由于一方面核电荷数依次增多，原子半径逐渐缩小，另一方面最外层电子数依次增多，同一周期从左到右金属单质的还原性逐渐减弱。在长周期中总的递变情况和短周期是一致的。但由于副族金属元素的原子半径变化没有主族的显著，所以同周期单质的还原性变化不甚明显，甚至彼此较为相似。在同一主族中自上而下，虽然核电荷数增加，但原子半径也增大，金属单质的还原性一般增强；而副族的情况较为复杂，单质的还原性一般反而减弱。

现就金属与氧的作用和金属的溶解分别说明如下：

1）金属与氧的作用。

s区元素包括周期表中ⅠA和ⅡA族元素。s区金属十分活泼，具有很强的还原性。它们很容易与氧化合，与氧化合的能力基本上符合周期系中元素金属性的递变规律。

s区金属在空气中燃烧时除能生成正常的氧化物（如LiO、BeO、MgO）外，还能生成过氧化物和超氧化物（如Na_2O_2、BaO_2、KO_2）。过氧化物中存在着过氧离子O_2^-，其中含有过氧键—O—O—。这些过氧化物都是强氧化剂，遇到棉花、木炭或银粉等还原性物质时，会发生爆炸，所以使用它们时要特别小心。钾、铷、铯以及钙、锶、钡等金属在过量的氧气中燃烧时还会生成超氧化物（如 KO_2、BaO_4 等）。过氧化物和超氧化物都是固体储氧物质，它们与水作用会放出氧气，装在面具中，可供在缺氧环境中工作的人员呼吸用。例如，超氧化钾能与人呼吸时所排出气体中的水蒸气发生反应：

$$4KO_2(s) + 2H_2O(g) \rightleftharpoons 3O_2(g) + 4KOH(s)$$

呼出气体中的二氧化碳则可被氢氧化钾所吸收：

$$KOH(s) + CO_2(g) \rightleftharpoons KHCO_3(s)$$

过氧化物中含有过氧离子 O_2^{2-}，结构为：

$$[\ddot{\text{O}}\!:\!\ddot{\text{O}}]^{2-} \text{ 或 } [-\text{O}-\text{O}-]^{2-}。$$

在超氧化物中含有超氧离子 O_2^-，其结构为：

$$[\ddot{\text{O}}\!\cdot\!\!\cdot\!\ddot{\text{O}}]^-$$

p 区金属的活泼性一般远比 s 区金属的要弱。锡、铅、锑、铋等在常温下与空气无显著作用。铝较活泼，容易与氧化合，但在空气中铝能立即生成一层致密的氧化物保护膜，阻止氧化反应的进一步进行，因而在常温下，铝在空气中很稳定。

d 区（除第Ⅲ副族外）和 ds 区金属的活泼性也较弱。同周期中各金属单质活泼性的变化情况与主族的相类似，即从左到右一般有逐渐减弱的趋势，但这种变化远较主族的不明显。例如，对于第 4 周期金属单质，在空气中一般能与氧气作用。在常温下钪在空气中迅速氧化；钛、钒对空气都较稳定；铬、锰能在空气中缓慢被氧化，但铬与氧气作用后，表面形成的三氧化二铬（Cr_2O_3）也具有阻碍进一步氧化的作用；铁、钴、镍在没有潮气的环境中与空气中氧气的作用并不显著，镍也能形成氧化物保护膜；铜的化学性质比较稳定，而锌的活泼性较强，但锌与氧气作用生成的氧化锌薄膜也具有一定的保护性能。

前面已指出，在金属单质活泼性的递变规律上，副族与主族又有不同之处。在副族金属中，同周期间的相似性较同族间的相似性更为显著，且第 4 周期中金属的活泼性较第 5 和第 6 周期金属的为强，或者说副族金属单质的还原性往往有自上而下逐渐减弱的趋势。例如对于第Ⅰ副族，铜（第 4 周期）在常温下不与干燥空气中的氧气化合，加热时则生成黑色的 CuO，而银（第 5 周期）在空气中加热也并不变暗，金（第 6 周期）在高温下也不与氧气作用。顺便指出，副族元素中的第Ⅲ副族，包括镧系元素和锕系元素单质的化学性质是相当活泼的。常将第Ⅲ副族的钇和15种镧系元素合称为稀土元素。稀土金属单质的化学活泼性与金属镁的相当。在常温下，稀土金属能与空气中的氧气作用生成稳定的氧化物。

2）金属的溶解。

金属的还原性还表现在金属单质的溶解过程中。这类氧化还原反应可以用电极电势予以说明。

s区金属的标准电极电势代数值一般甚小，用H_2O作氧化剂即能将金属溶解（金属被氧化为金属离子）。铍和镁由于表面形成致密的氧化物保护膜面对水较为稳定。

p区（除锑、铋外）和第4周期d区金属（如铁、镍）以及锌的标准电极电势虽为负值，但其代数值比s区金属的要大，能溶于盐酸或稀硫酸等非氧化性酸中而置换出氢气。

第5、6周期d区和ds区金属以及铜的标准电极电势则多为正值，这些金属单质不溶于非氧化性酸（如盐酸或稀硫酸）中，其中一些金属必须用氧化性酸（如硝酸）予以溶解（此时氧化剂已不是H^+了）。一些不活泼的金属如铂、金需用王水溶解，这是由于王水中的浓盐酸可提供配合剂Cl^-而与金属离子形成配离子，从而使金属的电极电势代数值大为减小的缘故。

$$3Pt + 4HNO_3 + 18HCl = 3H_2[PtCl_4] + 4NO(g) + 8H_2O$$
$$Au + HNO_3 + 4HCl = H[AuCl_4] + NO(g) + 2H_2O$$

铌、钽、钌、铑、锇、铱等不溶于王水中，但可用浓硝酸和浓氢氟酸组成的混合酸予以溶解。钽可用于制造化学工业中的耐酸设备。应当指出，p区的铝、镓、锡、铅以及d区的铬，ds区的锌等还能与碱溶液作用。例如：

$$2Al + 2NaOH + 6H_2O = 2Na[Al(OH)_4] + 3H_2(g)$$
$$Sn + 2NaOH = Na_2SnO_2 + H_2(g)$$

这与这些金属的氧化物或氢氧化物保护膜具有两性有关，或者说是由于这些金属的氧化物或氢氧化物保护膜能与过量NaOH作用生成配离子。

(2) 金属的配位性能。

副族金属离子（如Fe^{3+}、Cu^{2+}、Ag^+、Zn^{2+}等）作为中心离子，可与一些中性分子或负离子（作为配位体）以配位键相结合，形成配位化合物。

$$2Cu + 2H_2O + 4CN^- = 2[Cu(CN)_2]^- + 2OH^- + H_2\uparrow$$
$$4M + 2H_2O + 8CN^- + O_2 = 4[M(CN)_2]^- + 4OH^- \quad (M = Cu, Ag, Au)$$

这个反应是从矿石中提炼银和金的基本反应。王水与金、铂的反应都与形成配合物有关。活泼金属还可以把不活泼的金属从其盐溶液中置换出来。

6.3.3 重要金属元素及其化合物

1. 钠和钾

钠和钾是Ⅰ族元素。Ⅰ族包括锂、钠、钾、铷、铯等。它们很容易失去1个电子而成稳定的+1价阳离子,为典型的活泼金属。由于它们的氢氧化物都是易溶于水的强碱,所以Ⅰ主族元素也称碱金属。碱金属在自然界中贮存量最丰富的钠、钾在工农业生产上使用非常广泛。

(1) 钠和钾的性质。

钠和钾具有很强的化学活性,可与各种非金属元素及水等直接发生作用。两者化学反应基本相同,钾的反应比钠更剧烈。它们的主要化学性质如下:

1) 与非金属反应。

钠和氧气反应或在空气中可生成稳定的过氧化钠:

$$2Na + O_2 = Na_2O_2$$

钾和氧气反应则生成超氧化钾:

$$K + O_2 = KO_2$$

钠和钾都能与氯气、硫等猛烈作用,在常温下就能燃烧,生成氯化物和硫化物:

$$2Na + Cl_2 = 2NaCl$$
$$2Na + S = Na_2S$$

在高温下钠和钾能同氢直接化合,氢变成 H^- 阴离子而生成金属氢化物:

$$2M + H_2 = 2MH \quad (M = Na,K 等)$$

2) 与水反应。

钠和钾与水在常温下猛烈地作用而放出氢气:

$$2M + 2H_2O = 2MOH + H_2\uparrow \quad (M = Na,K 等)$$

故钠和钾要保存在中性干燥的煤油中。

(2) 钠和钾的重要化合物。

1) 过氧化物。

过氧化钠和钾与水反应,生成苛性碱,并放出氧气:

$$2M_2O_2 + 2H_2O = 4MOH + O_2\uparrow \quad (M = Na,K 等)$$

过氧化钠与潮湿空气接触,能吸收其中 CO_2 并放出 O_2:

$$2Na_2O_2 + 2CO_2 = 2Na_2CO_3 + O_2\uparrow$$

2) 氢氧化物。

氢氧化钠和氢氧化钾是白色晶状固体,吸水性强,在空气中易潮解。它们的水溶液有强烈的腐蚀性,因此又叫苛性钠和苛性钾,为强碱。它们除易吸收空气中的水汽外，还容易吸收空气中的 CO_2 逐渐变成碳酸盐。

$$2NaOH + CO_2 = Na_2CO_3 + H_2O$$
$$2KOH + CO_2 = K_2CO_3 + H_2O$$

因此，盛放 NaOH 或 KOH 的瓶子要用橡皮塞而不能用玻璃塞子，否则，长期存放，会与玻璃中的主要成分 SiO_2 生成偏硅酸钠，使玻璃塞与瓶口黏结在一起。

$$2NaOH + SiO_2 = Na_2SiO_3 + H_2O$$
$$2KOH + SiO_2 = K_2SiO_3 + H_2O$$

氢氧化钠是基础化工中最重要的产品之一，主要用来制造肥皂、药物、人造丝、染料等，精炼石油、造纸也要用氢氧化钠，还是实验室里常用的试剂。氢氧化钾用途与氢氧化钠相似，但价格比氢氧化钠贵，除非特殊需要，一般多用氢氧化钠。

3）钠和钾的碳酸盐。

碳酸钠（Na_2CO_3）俗名苏打，工业上又叫纯碱，为白色晶体（$Na_2CO_3 \cdot H_2O$），在空气中容易风化失去结晶水，变成白色的粉末。

碳酸钠及水溶液显碱性，与酸反应，放出气体：

$$Na_2CO_3 + 2HCl = 2NaCl + H_2O + CO_2 \uparrow$$

因此在食品工业中，用它中和发酵后生成的多余的有机酸，除去酸味，并利用反应中生成的 CO_2 使食品膨胀起来。碳酸钠是一种基本的化工原料，用于玻璃、搪瓷、炼钢、炼铝及其他有色金属的冶炼，也用于肥皂、造纸、纺织与漂染工业。它还是制备其他钠盐或碳酸盐的原料，洗涤剂中也用到它。

碳酸氢钠（$NaHCO_3$）俗称小苏打。它的水溶液呈弱碱性，也是常用的碱类。与酸反应也能放出 CO_2：

$$NaHCO_3 + HCl = NaCl + H_2O + CO_2 \uparrow$$

碳酸氢钠受热分解：

$$2NaHCO_3 \xrightarrow{\triangle} Na_2CO_3 + H_2O + CO_2 \uparrow$$

而碳酸钠受热则不发生变化，利用这一点用来鉴别碳酸钠和碳酸氢钠。

碳酸钾（K_2CO_3）在工业上也有相当多的用途，如用于制造硬质玻璃、洗羊毛用的软肥皂等。它主要是从植物灰中提取的。向日葵、瓜子壳和玉米秆等的灰中含有大量的碳酸钾。在农业中直接使用草木灰作天然肥料（钾肥）。

2. 镁和钙

镁和钙是ⅡA族元素，该族有铍、镁、钙、锶、钡等元素，它们在发生化学反应时很容易失去最外层 2 个电子而成为 +2 价阳离子，故化学性质都很活泼，其活泼性同族由上至下增加。

由于钙、锶、钡的氢氧化物显碱性，它们的氧化物与难溶的氧化铝（俗称铝矾土）相似，故该族元素也称为碱土金属。由于镁和钙单质的性质都很活泼，因此自然界里它们都以化合态存在，分布最广的是它们的碳酸盐，如白云石、大理石、方解石、石灰石等。

(1) 镁和钙的性质与用途。

镁和钙具有很强的还原性，在空气中能和氧化合，使表面失去光泽：
$$2Mg + O_2 \xrightarrow{\quad\quad} 2MgO$$
$$2Ca + O_2 \xrightarrow{\quad\quad} 2CaO$$

如果在空气中点燃镁，它极易燃烧，放出大量的热，并放出含紫外线的眩目白光，所以可以用镁制造照明弹和照相镁灯。

镁和钙在加热时，能与氯气、硫等非金属化合，生成氯化物和硫化物：
$$Mg + Cl_2 \xrightarrow{\quad\quad} MgCl_2$$
$$Ca + S \xrightarrow{\quad\quad} CaS$$

镁和钙也能与水及稀酸反应，放出 H_2。镁在沸水反应较快，而钙在冷水中就发生剧烈反应，说明钙比镁更为活泼。
$$Mg + 2H_2O(沸) \xrightarrow{\quad\quad} Mg(OH)_2 + H_2 \uparrow$$
$$Ca + 2H_2O(冷) \xrightarrow{\quad\quad} Ca(OH)_2 + H_2 \uparrow$$

镁的主要用途是制取轻合金。镁也是很好的还原剂，如钛、铀的冶炼，就可以用镁作还原剂。

(2) 镁和钙的重要化合物。

1) 氧化物和氢氧化物。

氧化镁，又叫"苦土"，是一种难熔、松软的白色粉末，难溶于水。熔点为 2 800 ℃，硬度为 5.5～6.5，所以它是优良耐火材料，可以制造耐火砖、耐火管、坩埚和高温炉内壁等。医学上将纯的氧化镁用作抑酸剂，以中和过多的胃酸，还可以作轻泻剂。氧化镁能与水缓慢反应，生成难溶的氢氧化镁，同时放出热量：
$$MgO + H_2O \xrightarrow{\quad\quad} Mg(OH)_2$$

氢氧化镁，是白色粉末，稍溶于水，水溶液呈碱性。氢氧化镁在医药上常配成乳剂，称为镁乳，作为轻泻剂，也有抑制胃酸的作用。它还用于制造牙膏、牙粉。

氧化钙，是一种白色块状或粉状固体，俗名生石灰，主要用于建筑工业。氧化钙很容易与水化合生成氢氧化钙（这一过程叫作生石灰的消化或熟化）并放出大量的热：

$$CaO + H_2O =\!=\!= Ca(OH)_2$$

氢氧化钙,是白色固体,俗名熟石灰或消石灰,稍溶于水,它的饱和水溶液叫"石灰水",呈碱性(比氢氧化镁的碱性略强)。它在空气中能吸收 CO_2 产生白色沉淀,而使澄清的石灰水溶液变浑浊:

$$Ca(OH)_2 + CO_2 =\!=\!= CaCO_3\downarrow + H_2O$$

人们常用这一反应来检验二氧化碳气体。

氢氧化钙是一种很重要的建筑材料。在化学工业上用以制漂白粉。在医药上常采用它的溶液作制酸剂、收敛剂,还可与植物油类配成乳剂,用以治疗烫伤。

2)镁和钙的盐类。

氯化镁,是一种无色、味苦、易溶、易潮解的晶体,未经过精制的食盐具有苦味,在潮湿空气中容易受潮,就是因为食盐中含少量氯化镁杂质的缘故。

硫酸钙,俗称石膏,是含有 2 个分子结晶水的固体($CaSO_4 \cdot 2H_2O$),在加热到 160~200 ℃时,失去分子 3/4 结晶水而变成熟石膏:

$$2[CaSO_4 \cdot 2H_2O] =\!=\!= (CaSO_4)_2 \cdot H_2O + 3H_2O$$

熟石膏与水混合成糊状后,很快凝固和硬化,重新变成 $CaSO_4 \cdot 2H_2O$。由于这种性质,熟石膏可以铸造模型和雕像,在外科上用作石膏绷带:

$$CaCO_3 + CO_2 + H_2O =\!=\!= Ca(HCO_3)_2$$

碳酸钙,是白色固体,不溶于水,但能溶于含有 CO_2 的水中,生成可溶性的碳酸氢钙:

$$CaCO_3 + CO_2 + H_2O =\!=\!= Ca(HCO_3)_2$$

碳酸钙在高温下分解,这是 +2 价碳酸盐的一般性质。

$$CaCO_3 \xrightarrow{\text{高温}} CaO + CO_2\uparrow$$

硫酸镁,是易溶于水的重要镁盐,溶液带苦味,在干燥空气中易风化成为粉末。常温时在水中结晶,析出无色易溶于水的水合物 $MgSO_4 \cdot 7H_2O$,它在医药上被用作泻药,称为轻泻盐。硫酸镁和甘油调和后用于外科,有消炎功效。

3. 铝

铝是ⅢA族元素,此族包括硼、铝、镓、铟、铊五种元素,通称为硼族元素,属于 p 区元素。在化学反应中容易失去其价电子形成 +3 价的阳离子,比起碱金属、碱土金属来,显示出较小的失电子趋势,即硼族元素的金属性比较弱。硼族元素的金属性,按照由硼到铊的顺序逐渐增强。硼主要显示非金属性,铝、镓、铟呈两性,而铊则完全表现出金属性。

(1) 铝的性质和用途。

铝是自然界中含量最多的一种金属元素，也是一种较活泼的金属。在化合物中显 +3 价。铝是银白色有光泽的轻金属，它具有密度小（$2.7 \text{ g} \cdot \text{cm}^{-3}$）、延展性好、导热性和导电性强（仅次于银、铜、金）等物理性质，可抽成细丝、碾成薄片或铝箔。由于铝的密度小，导电能力约为铜的 60%，所以电力工业上广泛地以铝代铜来制造高压电缆。

铝易同氧化合，是一种强还原剂。当铝粉或铝箔在氧气中燃烧时，会发出炫目的光亮，结果生成氧化铝：

$$4Al + 3O_2 = 2Al_2O_3 \quad \Delta_r H_m^\ominus = -3\,340 \text{ kJ}$$

金属铝虽然在本质上是活泼的，但是在常温下，它不与空气中的氧作用，也不与水作用，即使在高温下，也不与水蒸气发生反应。这是由于在它的表面上已形成了一层氧化物薄膜，可以保护金属铝，使它不致被进一步氧化，因而广泛地被用来制造日用器皿。

铝不但能和单质的氧直接化合，而且也能夺取不太活泼的金属氧化物中的氧（如铁、锰、铬、钒、钛等），放出大量的热，同时把被还原出来的金属熔化。如铝粉与四氧化三铁粉末混合，放在坩埚里，用镁条点燃，就会发生猛烈作用，并放出大量的热，温度可达 3 500 ℃，使还原出来的铁熔化成铁水：

$$8Al + 3Fe_3O_4 = 4Al_2O_3 + 9Fe \quad \Delta_r H_m^\ominus = -3\,326.3 \text{ kJ}$$

用铝从金属氧化物中置换出金属的方法叫作铝热法。铝粉和四氧化三铁的混合物叫铝热剂。它常用于焊接损坏的钢轨而不必把钢轨拆除。

铝是典型的两性元素，既能与酸起反应，又能与碱起反应，结果生成相应的盐并都放出氢气：

$$2Al + 6HCl = 2AlCl_3 + 3H_2 \uparrow$$

在冷的浓硝酸和浓硫酸中，铝表面会被钝化。因此可用铝制的容器盛放浓硝酸和浓硫酸。

除上述各项用途外，铝主要用于制造各种轻合金。铝合金质轻、耐腐蚀，广泛用于飞机制造业和汽车制造业。

(2) 铝的重要化合物。

1) 氧化铝。

氧化铝，是一种难熔的和不溶于水的白色粉末，熔点很高。它是两性氧化物，既能溶于酸，又能溶于碱，都生成盐和水。

$$Al_2O_3 + 6HCl = 2AlCl_3 + 3H_2O$$
$$Al_2O_3 + 2NaOH = 2NaAlO_2 + H_2O$$

天然的刚玉几乎是纯净的 Al_2O_3，有很高的硬度，用作磨料。人工高温烧结的氧化铝称为人造刚玉,用作高温耐火材料,可以耐高温到 1 800 ℃。

2)氢氧化铝。

白色的固态物质,在铝盐溶液中加氨水,可以沉淀出体积蓬松的氢氧化铝沉淀:

$$Al_2(SO_4)_3 + 6NH_3 \cdot H_2O = 2Al(OH)_3 \downarrow + 3(NH_4)_2SO_4$$

氢氧化铝是一种两性物质,既能溶于酸,也能溶于碱:

$$Al(OH)_3 + 3HCl = AlCl_3 + 3H_2O$$

$$Al(OH)_3 + NaOH = NaAlO_2 + 2H_2O$$

4. 铜、银、金

(1)铜、银、金的性质和用途。

铜(Cu)、银(Ag)、金(Au)位于ⅠB族,称为铜族元素。

铜、银、金依次是紫红色、银白色和黄色的金属。它们都具有硬度较大,熔点、沸点较高,传热性、导电性及延展性好等共同特性。铜族金属之间以及和其他金属都易形成合金,尤其是铜合金种类很多,如青铜、黄铜、白铜等。

铜族元素的价电子结构为 $(n-1)d^{10}ns^1$,它们在化学反应中,不但能失去这个s电子,还能失去次外层的1~2个电子,所以铜可以形成+1和+2价化合物,它的+2价比+1价化合物稳定,所以常见到的铜的化合物大多数是+2价的化合物。银的特征氧化数为+1,金为+3。

铜族元素的化学活性远低于ⅠA族,并按从上到下的顺序递减。铜在常温下不与干燥空气中的氧化合,在潮湿空气中会慢慢生成一层铜绿叫碱式碳酸铜,其反应如下:

$$2Cu + O_2 + CO_2 + H_2O = Cu_2(OH)_2CO_3(绿色)$$

铜在加热时产生黑色的氧化铜。银、金在加热时则不与空气中的氧化合。

$$2Cu + O_2 \xrightarrow{\Delta} 2CuO(黑色)$$

在高温时,铜易与氧、硫、卤素等直接化合,生成氧化物、硫化物、卤化物。

铜族元素在金属活动顺序中位于氢之后,所以不能从稀酸中置换氢,但易与热的浓硫酸和浓、稀硝酸反应,也能与热浓盐酸反应生成相应的+2价铜盐,放出气体。

$$2Cu + 8HCl(浓) = 2H_3[CuCl_4] + H_2 \uparrow$$

$$Cu + 4HNO_3(浓) = Cu(NO_3)_2 + 2NO_2 \uparrow + 2H_2O$$

$$3Cu + 8HNO_3(稀) = 3Cu(NO_3)_2 + 2NO \uparrow + 4H_2O$$

$$Cu + 2H_2SO_4(浓) = CuSO_4 + SO_2 \uparrow + 2H_2O$$

银与酸的反应与铜相似，但更困难。而金只溶于王水中：
$$Au + 4HCl + HNO_3 =\!=\!= HAuCl_4 + NO\uparrow + 2H_2O$$
铜、银、金在强碱中均很稳定。

在制造印刷电路时，用 $FeCl_3$ 溶液处理铜膜可使铜溶解：
$$2FeCl_3 + Cu =\!=\!= 2FeCl_2 + CuCl_2$$

铜的用途十分广泛，大量的电解铜用于制造电线、电缆和电工器材。在国防工业上铜的用途很大，仅次于钢铁。在机器制造工业中，需要多种铜的合金如青铜、黄铜用作制轴承、轴瓦和耐磨零件，白铜用作刃具。

铜是人类历史上最早使用的金属，而我国是最早使用铜器的国家之一，并且是青铜、黄铜和白铜等合金的创造者。

（2）铜的重要的化合物。

无水硫酸铜为白色粉末，从溶液中结晶时得到胆矾，其结构式为 $[Cu(H_2O)_4]SO_4 \cdot H_2O$。$CuSO_4$ 可用铜屑或氧化物溶于硫酸中制得。$CuSO_4 \cdot 5H_2O$ 在不同温度下可逐步失水。

$$CuSO_4 \cdot 5H_2O \xrightarrow{375\ K} CuSO_4 \cdot 3H_2O + 2H_2O$$
$$CuSO_4 \cdot 3H_2O \xrightarrow{386\ K} CuSO_4 \cdot H_2O + 2H_2O$$
$$CuSO_4 \cdot H_2O \xrightarrow{531\ K} CuSO_4 + H_2O$$

加热 $CuSO_4$，高于 600 ℃，分解为 CuO、SO_2、SO_3 和 O_2。

无水硫酸铜为白色粉末，不溶于乙醇和乙醚，吸水性很强，吸水后呈蓝色，利用这一性质可检验乙醇和乙醚等有机溶剂中的微量水，并可作干燥剂。

硫酸铜和石灰乳混合成"波尔多"液，可用于消灭植物的病虫害。

（3）Ag 的重要化合物。

硝酸银（$AgNO_3$）见光分解，痕量有机物促进其分解，因此要把 $AgNO_3$ 保存在棕色瓶中。

$AgNO_3$ 是一种氧化剂，即使在室温下，许多有机物都能将它还原成黑色的银粉。

$AgNO_3$ 和某些试剂反应，得到难溶的化合物，如：白色 Ag_2CO_3、黄色 Ag_3PO_4、浅黄色 $Ag_4Fe(CN)_6$、橘黄色 $Ag_3Fe(CN)_6$、砖红色 Ag_2CrO_4。

5. 锌、汞

（1）锌、汞的性质和用途。

ⅡB 族元素，此族包括锌、镉、汞三种元素，通常称为锌族元素，其价电子结构为 $(n-1)d^{10}ns^2$。

锌族金属主要的特点为低熔点、低沸点。汞是常温下唯一的液体金属。汞和它的化合物有毒，如不小心撒落汞，应尽快收集，免得吸入汞蒸气中毒。在缝隙处的汞，可盖以硫黄粉，使其生成难溶的 HgS。汞储存必须密封，否则应在上面覆盖一层水以保证汞不挥发。汞可以溶解许多金属形成汞齐，在冶金中用汞齐提取贵金属，如金、银等。

锌是活泼的金属，但在潮湿的空气中，表面生成一层致密的薄膜（碱式盐），所以不易被腐蚀。

$$2Zn + O_2 + H_2O + CO_2 = Zn_2(OH)_2CO_3$$

利用锌的这种性质制作镀锌铁皮（白铁皮）。

锌的最重要合金是黄铜（铜锌合金）。

锌在加热的条件下可与绝大多数的非金属发生化学反应。锌的电极电势低于氢，所以可与盐酸、硫酸反应。

$$Zn + 2HCl = ZnCl_2 + H_2 \uparrow$$
$$Zn + H_2SO_4 = ZnSO_4 + H_2 \uparrow$$

锌是两性金属，也能溶于碱。所以锌及锌的氧化物、氢氧化物也具有两性。

$$Zn + 2NaOH + 2H_2O = Na_2[Zn(OH)_4] + H_2 \uparrow$$
$$ZnO + 2HCl = ZnCl_2 + H_2O$$
$$ZnO + 2NaOH = Na_2ZnO_2 + H_2O$$
$$Zn(OH)_2 + 2HCl = ZnCl_2 + 2H_2O$$
$$Zn(OH)_2 + 2Na(OH) = Na_2ZnO_2 + 2H_2O$$

锌也溶于氨水中，形成配离子：

$$Zn + 4NH_3 + 4H_2O = [Zn(NH_3)_4](OH)_2 + 2H_2O + H_2 \uparrow$$

汞的电极电势高于氢，只能和氧化性酸反应：

$$Hg + 2H_2SO_4(浓) = HgSO_4 + SO_2 \uparrow + 2H_2O$$
$$3Hg + 8HNO_3 = 3Hg(NO_3)_2 + 2NO \uparrow + 4H_2O$$

（2）锌、汞的重要的化合物。

氧化锌：俗称锌白，是广泛采用的白色颜料，其优点是不因空气中 H_2S 气体作用而变色，因 ZnS 也是白色。在医药上用它制作软膏敷料、收敛剂等。

氯化锌：$ZnCl_2$ 是固体盐中溶解度最大的（283 K 下，333 g/100 g 水）。

氯化锌的浓溶液形成如下的配合酸，其浓溶液称为"熟镪水或焊药"：

$$ZnCl_2 + H_2O = H[ZnCl_2(OH)]$$

这个配合物具有显著的酸性，能溶解金属氧化物：

$$FeO + 2H[ZnCl_2(OH)] = Fe[ZnCl_2(OH)]_2 + H_2O$$

氯化汞（$HgCl_2$）：为共价直线型分子，熔点 280 ℃，易升华，因而俗称升汞，略溶于水，有剧毒，其稀溶液有杀菌作用，可作外科消毒剂。Hg_2Cl_2 也是直线型分子，呈白色，难溶于水，少量的 Hg_2Cl_2 无毒，因味略甜而称甘汞，在医药上作泻药，也用于制造甘汞电极，见光分解，因此应保存在棕色瓶中。

6. 铁

（1）铁的性质和用途。

铁是第ⅧB族元素，包括九种元素即铁、钴、镍、钌、铑、钯、锇、铱、铂。与其他族元素不同，因为铁、钴、镍三种元素在性质上很相似，通称为铁族元素。其余六种元素性质也很相似，通称为铂族元素。

纯铁是柔软而有韧性的银白色金属，它除了具有金属光泽、导电性、导热性、延展性（可塑性）等金属的通性外，还能被磁铁吸引，具有铁磁性，但加热到 768 ℃ 以上，即失去磁性，纯铁容易磁化和去磁，可用作发电机和电动机的铁芯。

铁的价电子结构为 $3d^54s^2$，当铁参加化学反应时，它不但容易失去最外层 2 个电子成为 Fe^{2+} 离子，还可失去次外层 1 个电子而成为 Fe^{3+} 离子。所以铁的化合价常见 +2 和 +3 价。

铁是具有中等活泼性的金属，在没有潮气存在时，常温下甚至和氧、氯、硫等典型非金属也不起显著的作用。因此工业上常用钢瓶贮藏干燥的氯气和氧气。但在加热时，它易和氧、硫、氯、碳等非金属反应，分别生成四氧化三铁、硫化亚铁、三氯化铁、碳化铁等。铁不能与氮直接化合，但在氨气中，加热可以生成氮化铁。

$$4Fe + 2NH_3 \xrightarrow{450\sim600\ ℃} 2Fe_2N + 3H_2 \uparrow$$

钢的渗氮作用就是利用这个反应。

在常温下铁与浓硝酸或浓硫酸不起反应，这是由于铁的表面生成了一层"钝化"保护膜，因而贮盛浓硝酸和浓硫酸的容器和管道也可用钢和铸铁的制品。

（2）铁的重要化合物的性质。

硫酸亚铁：$FeSO_4 \cdot 7H_2O$，俗称绿矾。在空气中不稳定，会逐渐风化而失去一部分结晶水。易溶于水，且易水解而呈酸性。

硫酸亚铁用途很广，它可以用作木材防腐剂、织物染色时的媒染剂、净水剂及制造蓝黑墨水。在医药上可以治疗贫血。在农业上用于浸种，可防治麦类的黑色病。

氯化亚铁：二价铁盐很容易被氧化成三价铁盐，所以二价铁盐常用作还原剂。例如，氯化亚铁溶液和氯气反应，立即被氧化成氯化铁。

$$2FeCl_2 + Cl_2 = 2FeCl_3$$

氯化铁：是深棕色晶体，易溶于水，在水中水解生成氢氧化铁胶体，能吸附水中的悬浮杂质，并使之凝聚沉降。所以自来水厂常用作净水剂。

氯化铁中铁的化合价为 +3，氯化铁溶液遇铁等还原剂，能被还原成氯化亚铁：

$$2FeCl_3 + Fe = 3FeCl_2$$

7. 铬

(1) 铬的性质和用途。

铬是ⅥB族元素，此族包括铬、钼、钨三种元素，通常称为铬族元素。价电子结构铬为 $3d^54s^1$。铬的最高化合价是 +6，还有 +5、+4、+3、+2 价。其中化合价为 +3 和 +6 价的化合物最为重要。

铬是银白色有光泽的金属，它是所有金属中最硬的。常温下，铬在空气中和水中都很稳定，只有在加热时，才能与氧、氯、硫等作用，炽热时，还能与水蒸气作用。

$$4Cr + 3O_2 = 2Cr_2O_3$$
$$2Cr + 3Cl_2 = 2CrCl_3$$
$$2Cr + 3H_2O = Cr_2O_3 + 3H_2\uparrow$$

室温下，铬缓慢地溶解于稀盐酸和稀硫酸，在热盐酸中溶解较快，生成蓝色的二价铬盐，它在空气中会很快地氧化成绿色的三价铬盐。

$$Cr + 2HCl = CrCl_2 + H_2\uparrow$$
$$4CrCl_2 + 4HCl + O_2 = 4CrCl_3 + 2H_2O$$

在热的浓硫酸中铬能迅速地溶解，但却不溶于冷的稀或浓硝酸。铬在空气、水或硝酸中之所以那样稳定，是由于铬的表面形成了一层紧密牢固的氧化物（Cr_2O_3）薄膜，使其"钝化"而具有保护作用。

由于铬的性质坚硬，耐腐蚀，铁、铜制品常镀铬以增加美观、耐腐蚀、抗磨损，故铬是一种优良的电镀材料。

氧化铬：是绿色的难溶物质，用作颜料，叫作铬绿，也用来使玻璃和瓷器着色。

(2) 铬的重要化合物。

铬酸钾：溶液呈黄色，这是铬酸根离子 CrO_4^{2-} 的颜色。如果在 K_2CrO_4 溶液中加入酸使其呈酸性，则溶液的颜色从黄色变为橙色，这是重铬酸根离子 $Cr_2O_7^{2-}$ 的颜色。溶液颜色的变化是因为在重铬酸盐或铬酸盐的水溶液中存在下列平衡。

$$2CrO_4^{2-}(黄色) + 2H^+ \rightleftharpoons 2HCrO_4^- \rightleftharpoons Cr_2O_7^{2-}(橙色) + H_2O$$

加酸或加碱可以使上述平衡发生移动。酸化溶液,则溶液中以重铬根离子 $Cr_2O_7^{2-}$ 为主而显橙色;若加入碱使其呈碱性,则以铬酸根离子 CrO_4^{2-} 为主而显黄色。

重铬酸钾:俗称红矾钾,是易溶的橙红色晶体,溶解度随温度升高而增加很快。它是常用的氧化剂。在酸性介质中 +6 价铬(以 $Cr_2O_7^{2-}$ 形式存在)具有较强的氧化性。可将 Fe^{2+}、NO_2^-、SO_3^{2-}、H_2S 等氧化,而 $K_2Cr_2O_7$ 被还原为 Cr^{3+}(绿色)。

$$Cr_2O_7^{2-} + 14H^+ + 6e^- \rightleftharpoons 2Cr^{3+} + 7H_2O \qquad \varphi^\ominus(Cr_2O_7^{2-}/Cr^{3+}) = 1.332\ V$$

分析化学中可用下列反应测定铁的含量(先使样品中所含铁全部转变为 Fe^{2+}):

$$K_2Cr_2O_7 + 6FeSO_4 + 7H_2SO_4 \rightleftharpoons 3Fe_2(SO_4)_3 + Cr_2(SO_4)_3 + K_2SO_4 + 7H_2O$$

根据 $Cr_2O_7^{2-}$ 的氧化性,可用来监测司机是否酒后开车:

$$2Cr_2O_7^{2-} + 3C_2H_5OH + 16H^+ \rightleftharpoons 3CH_3COOH + 4Cr^{3+} + 11H_2O$$

实验室使用的铬酸洗液是 $K_2Cr_2O_7$ 饱和溶液和浓 H_2SO_4 混合制得的。它具有强氧化性,用于洗涤玻璃器皿,可以除去壁上黏附的油脂等。在铬酸洗液中常有暗红色的针状晶体析出,这是由于生成了铬酸酐 CrO_3:

$$K_2Cr_2O_7 + H_2SO_4(浓) \rightleftharpoons 2CrO_3(s) + K_2SO_4 + H_2O$$

洗液经反复使用多次后,就会从棕红色变为暗绿色(Cr^{3+})而失效。为了防止 +6 价铬(是致癌物质)的污染,现大都改用合成洗涤剂代替铬酸洗液。

重铬酸盐的溶解度往往比铬酸盐的大:

$$4Ag^+ + Cr_2O_7^{2-} + H_2O \rightleftharpoons 2Ag_2CrO_4(s) + 2H^+$$

铬及其化合物极毒,Cr(Ⅵ)由于氧化性而毒性很大,有致癌作用。饮用含铬污水,将引起贫血、肾炎、神经炎等疾病。因此含铬废水必须经过处理才能排放。重铬酸盐广泛用于鞣革、印染、颜料、电镀和火柴的制造及钢铁表面的纯化。

8. 锰

(1)锰的性质和用途。

锰是ⅦB族元素。锰原子核外的 $3d^54s^2$ 电子都能参加化学反应,氧化值为 +1 到 +7 的锰化合物都已被发现,其中以 +2、+4、+6、+7 较为常见。锰的外形与铁相似,块状锰是白色金属,质硬而脆。纯锰用途不大,常以锰铁的形式用来制造各种合金钢。12%~15% 的锰钢很硬,能抗冲击并耐磨损,用于制造钢轨、粉碎机和拖拉机。

锰的化学性质较铁活泼,它能被空气氧化,能与稀酸、热水作用放出氢气:

$$Mn + 2HCl =\!=\!= MnCl_2 + H_2 \uparrow$$

$$Mn + 2H_2O =\!=\!= Mn(OH)_2 + H_2 \uparrow$$

二氧化锰:是黑色不溶于水的物质,有极强的氧化性。二氧化锰是唯一重要的 +4 价化合物,常用作强氧化剂。

$$MnO_2 + 4HCl(浓) =\!=\!= MnCl_2 + Cl_2 \uparrow + 2H_2O \quad (用于制 Cl_2 气)$$

$$4MnO_2 + 6H_2SO_4(浓) =\!=\!= 2Mn_2(SO_4)_3 + 6H_2O + O_2 \uparrow$$

(2)锰的重要化合物。

高锰酸钾:在 +7 价锰的化合物中,高锰酸盐是最稳定的,应用最广的是高锰酸钾 $KMnO_4$。高锰酸钾又名灰锰氧,是暗紫色晶体,易溶于水,溶液呈紫红色,这是 MnO_4^- 的特殊颜色。但高锰酸钾溶液不太稳定,受光照射后会分解,所以要放在棕色瓶子里。它是实验室和工业生产中常用的氧化剂,在医药和日常生活中常用作消毒杀菌剂,治疗皮肤病等。工业上用于漂白纤维、油脂脱色等。

$KMnO_4$ 固体加热至 200 ℃ 以上时按下式分解:

$$2KMnO_4(s) \xrightarrow{\Delta} K_2MnO_4(s) + MnO_2(s) + O_2(g)$$

在实验室中有时也可利用这一反应制取少量的氧气。

$KMnO_4$ 在常温时较稳定,但在酸性溶液中不稳定,会缓慢地按下式分解:

$$4MnO_4^-(aq) + 4H^+(aq) =\!=\!= 4MnO_2(s) + 3O_2(g) + 2H_2O(l)$$

在中性或微碱性溶液中,$KMnO_4$ 分解的速率更慢。但是光对 $KMnO_4$ 的分解起催化作用,所以配制好的 $KMnO_4$ 溶液需贮存在棕色瓶中。

$KMnO_4$ 是一种常用的氧化剂,其氧化性的强弱与还原产物都与介质的酸度密切相关。在酸性介质中它是很强的氧化剂,氧化能力随介质酸性的减弱而减弱,还原产物也不同。这也可从下列有关的电极电势看出:

$$MnO_4^-(aq) + 8H^+(aq) + 5e^- \rightleftharpoons Mn^{2+}(aq) + 4H_2O(l)$$

$$\varphi^{\ominus}(MnO_4^-/Mn^{2+}) = 1.507 \text{ V}$$

$$MnO_4^-(aq) + 2H_2O(l) + 3e^- \rightleftharpoons MnO_2(s) + 4OH^-(aq)$$

$$\varphi^{\ominus}(MnO_4^-/MnO_2) = 0.595 \text{ V}$$

$$MnO_4^-(aq) + e^- \rightleftharpoons MnO_4^{2-}(aq)$$

$$\varphi^{\ominus}(MnO_4^-/MnO_4^{2-}) = 0.558 \text{ V}$$

所以,在酸性介质中,MnO_4^- 可以氧化 SO_3^{2-}、Fe^{2+}、H_2O_2,甚至 Cl^- 等,

本身被还原为 Mn^{2+}（浅红色，稀溶液为无色）。例如：

$$2MnO_4^- + 5SO_3^{2-} + 6H^+ \Longrightarrow 2Mn^{2+} + 5SO_4^{2-} + 3H_2O$$

在中性或弱碱性溶液中，MnO_4^- 可被较强的还原剂如 SO_3^{2-} 还原为 MnO_2（棕褐色沉淀）：

$$2MnO_4^- + 3SO_3^{2-} + H_2O \Longrightarrow 2MnO_2(s) + 3SO_4^{2-} + 2OH^-$$

在强碱性溶液中，MnO_4^- 还可以被（少量的）较强的还原剂如 SO_3^{2-} 还原为 MnO_4^{2-}（绿色）：

$$2MnO_4^- + SO_3^{2-} + 2OH^- \Longrightarrow 2MnO_4^{2-} + SO_4^{2-} + H_2O$$

复习思考题

1. 判断：

（1）氢在自然界中主要以单质形式存在。

（2）常温下 H_2 的化学性质不很活泼，其原因之一是 H—H 键键能较大。

（3）碱金属熔点的高低次序为 Li > Na > K > Rb > Cs。

（4）碱土金属氯化物的熔点高低次序为：$BeCl_2 < MgCl_2 < CaCl_2 < SrCl_2 < BaCl_2$。

（5）碳酸盐的溶解度均比酸式碳酸盐的溶解度小。

（6）Mg^{2+} 是无色的，所有的镁盐都是无色的。

（7）氮的最高氧化值为 +5，可以推断 NF_5 能稳定存在。

（8）可用浓硫酸干燥 CO_2 气体。

（9）H_2O_2 分子构型为直线形。

（10）H_2O_2 既有氧化性又有还原性。

（11）H_2O_2 是弱酸。

（12）H_2O_2 在酸性介质中能使 $KMnO_4$ 溶液褪色。

（13）在氢卤酸中，由于氟的非金属性强，所以氢氟酸的酸性最强。

（14）卤化氢沸点高低的次序为 HF < HCl < HBr < HI。

（15）在氯的含氧酸中，随着氯的氧化值增加，其氧化性越来越强。

（16）ds 区元素原子的次外层都有 10 个 d 电子。

（17）经过灼烧的 Al_2O_3、Fe_2O_3 都不易溶于酸。

（18）铜、银、金均可以单质状态存在于自然界。

（19）在硫酸铜溶液中加入足够的浓盐酸可以形成绿色的 $[CuCl_4]^{2-}$。

（20）$AgNO_3$ 试液应存放于棕色瓶中。

2. 试从碱金属和碱土金属元素的原子结构来说明它们的化学活泼性。

3. 试用原子结构有关知识,解释过渡元素的一些通性。

4. 为什么把 CO_2 通入 $Ba(OH)_2$ 溶液时有白色沉淀,而把 CO_2 通入 $BaCl_2$ 溶液时没有沉淀产生?

5. 商品 NaOH 中常含有 Na_2CO_3,怎样用简单的方法加以检验?

6. 锂、钠、钾,在空气中燃烧各生成何种氧化物,它们与水将各发生什么反应?

7. 试用简便的实验区别下列 5 种白色固体:Na_2S、Na_2S_2、Na_2SO_3、$Na_2S_2O_3$、Na_2SO_4。

8. 根据标准电极电势表判断在酸性溶液中 HNO_2 能否与 Fe^{2+}、SO_3^{2-}、I^-、MnO_4^-、CrO_4^{2-} 等发生氧化还原反应,若能反应写出离子反应方程式。

9. 溶液中含有 S^{2-}、SO_4^{2-}、CO_3^{2-}、Cl^-、NO_3^- 等离子如何检出?

10. 在 Ag^+ 离子溶液中,加入少量 $Cr_2O_7^{2-}$,再加入足够的 $S_2O_3^{2-}$,估计每一步有什么现象出现?写出有关离子反应方程式。

11. 试说明为什么在酸性 $K_2Cr_2O_7$ 溶液中,加入 Pb^{2+},会生成黄色的 $PbCrO_4$ 沉淀。

12. 解释下列现象,并写出相应的化学反应方程式:

(1) 在 $K_2Cr_2O_7$ 饱和溶液中加入浓 H_2SO_4 并加热到 200 ℃ 时发现,溶液的颜色变成黄绿色。经检测,反应开始时,溶液中并无任何还原性物质。

(2) 在 $MnCl_2$ 溶液中,加入适量 HNO_3,再加入 $NaBiO_3$ 后,溶液出现紫红色,但又迅速消失。

附　录

附录1　常见无机物质标准热力学数据(298.15 K)

下表中的标准热力学数据是以温度为298.15 K时处于标准状态的1 mol纯物质为基准的。

物质状态表示符号为：g——气态；l——液态；ao——水溶液，非电离物质；cr——晶体固体；ai——水溶液，电离物质；am——非晶态固体。

$\Delta_f H_m^{\ominus}$——物质的标准生成焓（298.15 K），单位为 $kJ \cdot mol^{-1}$；$\Delta_f G_m^{\ominus}$——物质的标准生成Gibbs自由能（298.15 K），单位为 $kJ \cdot mol^{-1}$；$S_m^{\ominus}$——物质的标准熵（298.15 K），单位为 $J \cdot mol^{-1} \cdot K^{-1}$。

化学式	状态	$\Delta_f H_m^{\ominus}$ $kJ \cdot mol^{-1}$	$\Delta_f G_m^{\ominus}$ $kJ \cdot mol^{-1}$	$S_m^{\ominus}$ $J \cdot mol^{-1} \cdot K^{-1}$
氢（hydrogen）				
H_2	g	0	0	130.68
H	g	217.97	203.25	114.71
H^+	ao	0	0	0
H^-	g	138.99	—	—
锂（lithium）				
Li	cr	0	0	29.12
Li	g	159.37	126.66	138.77
Li^+	g	685.78	—	—
Li^+	ao	-278.49	-293.31	13.39
Li_2O	cr	-597.94	-561.20	37.57
Li_2O_2	cr	-634.3	—	—
LiOH	cr	-484.93	-438.95	42.80

续上表

化学式	状态	$\Delta_f H_m^\ominus$ kJ·mol^{-1}	$\Delta_f G_m^\ominus$ kJ·mol^{-1}	$S_m^\ominus$ J·mol^{-1}·K^{-1}
LiBr	cr	-351.2	-342.0	74.3
LiCl	cr	-408.61	-384.38	59.33
LiF	cr	-615.97	-587.71	35.65
LiH	cr	-90.54	-68.35	20.00
LiI	cr	-270.4	-270.3	86.8
Li$_2$CO$_3$	cr	-1 215.9	-1 132.1	90.4
LiOH	cr	-484.9	-439.0	42.8
Li$_3$PO$_4$	cr	-2 095.8	—	—
Li$_2$SO$_4$	cr	-1 436.5	-1 321.7	115.1
钠(sodium)				
Na	cr	0	0	51.21
Na	g	107.32	76.76	153.71
Na$^+$	ao	-240.12	261.89	58.99
Na$^+$	g	608.36	—	—
Na$_2$O	cr	-414.22	-375.47	75.06
Na$_2$O$_2$	cr	-510.87	-447.7	95.0
NaH	cr	-56.27	-33.46	40.02
NaOH	cr	-425.61	-379.53	64.45
NaOH	ai	-470.11	-419.15	48.1
NaCl	cr	-411.65	-384.15	72.13
NaBr	cr	-361.06	-348.98	86.82
NaF	cr	-573.65	-543.49	51.46
NaI	cr	-287.78	-286.06	98.53
NaBrO$_3$	cr	-334.1	-242.6	128.9
NaClO$_3$	cr	-365.8	-262.3	123.4
NaClO$_4$	cr	-383.3	-254.9	142.3
Na$_2$CO$_3$	cr	-1 130.7	-1 044.4	135.0
NaHSO$_4$	cr	-1 125.5	-992.8	113.0

续上表

化学式	状态	$\Delta_f H_m^\ominus$ kJ·mol^{-1}	$\Delta_f G_m^\ominus$ kJ·mol^{-1}	$S_m^\ominus$ J·mol^{-1}·K^{-1}
NaIO$_3$	cr	−481.8	—	—
NaIO$_4$	cr	−429.3	−323.0	163.0
NaNO$_2$	cr	−358.65	−284.55	103.8
NaNO$_3$	cr	−467.85	−367.00	116.52
Na$_2$HPO$_4$	cr	−1 748.1	−1 608.2	150.50
钾（potassium）				
K	cr	0	0	64.18
K	g	89.24	60.59	160.33
K$^+$	g	514.46	—	—
K$^+$	ao	−252.38	−283.27	102.51
KO$_2$	cr	−284.93	−239.4	116.7
K$_2$O	cr	−361.5	—	—
K$_2$O$_2$	cr	−494.1	−425.1	102.1
KH	cr	−57.74	—	—
KOH	cr	−424.76	−379.11	78.87
KF	cr	−567.27	−537.75	66.57
KCl	cr	−436.75	−409.15	82.59
KBr	cr	−393.8	−380.66	95.90
KClO$_3$	cr	−397.73	−296.25	143.11
KClO$_4$	cr	−432.75	−303.09	151.0
KBrO$_3$	cr	−360.2	−271.2	149.2
KIO$_3$	cr	−501.4	−418.4	151.5
K$_2$S	cr	−380.7	−364.0	105.0
K$_2$SO$_4$	cr	−1 437.79	−1 321.37	175.56
KMnO$_4$	cr	−837.2	−737.6	171.71
KNO$_2$ 正交晶体	cr	−369.82	−306.55	152.09
KNO$_3$	cr	−494.63	−394.86	133.05
KH$_2$PO$_4$	cr	−1 568.3	−1 415.9	134.9

续上表

化学式	状态	$\Delta_f H_m^\ominus$ kJ·mol^{-1}	$\Delta_f G_m^\ominus$ kJ·mol^{-1}	$S_m^\ominus$ J·mol^{-1}·K^{-1}
K_2CrO_4	cr	-1 403.7	-1 295.7	200.12
$K_2Cr_2O_7$	cr	-2 061.5	-1 881.8	291.2
氪（krypton）				
Kr	g	0	0	164.08
铍（beryllium）				
Be	cr	0	0	9.50
Be	g	324.3	286.6	136.27
Be^{2+}	g	2 993.23	—	—
Be^{2+}	ao	-382.8	-379.73	-129.7
BeO	cr	-609.61	-580.32	14.14
$Be(OH)_2$	cr	-711.3	—	—
$BeBr_2$	cr	-353.5	—	—
$BeCl_2$	cr	-490.4	-445.6	82.7
$BeCO_3$	cr	-1 025.0	—	—
镁（magnesium）				
Mg	cr	0	0	32.68
Mg	g	147.70	113.10	148.65
Mg^+	g	891.6	—	—
Mg^{2+}	g	2 348.50	—	—
Mg^{2+}	ao	-466.85	-454.80	-138.07
MgH_2	cr	-75.3	-35.09	31.09
MgO 粗晶方镁石	cr	-601.70	-569.43	27.94
$Mg(OH)_2$	cr	-924.54	-833.51	63.18
MgF_2	cr	-1 123.4	-1 070.2	57.24
$MgCl_2$	cr	-641.32	-591.83	89.62
$MgBr_2$	cr	-524.3	-503.8	117.2
MgI_2	cr	-364.0	-358.2	129.7
$MgCO_3$	cr	-1 095.79	-1 012.11	65.69

续上表

化学式	状态	$\Delta_f H_m^\ominus$ kJ·mol^{-1}	$\Delta_f G_m^\ominus$ kJ·mol^{-1}	$S_m^\ominus$ J·mol^{-1}·K^{-1}
MgSO$_4$	cr	-1 284.9	-1 170.6	91.6
钙(calcium)				
Ca	cr	0	0	41.42
Ca	g	178.2	144.3	154.88
Ca^{2+}	g	1 925.90	—	—
Ca^{2+}	ao	-542.83	-553.54	-53.14
CaO	cr	-635.09	-604.04	39.75
CaH$_2$	cr	-186.2	-147.2	42.0
Ca(OH)$_2$	cr	-986.09	-898.49	83.39
CaF$_2$	cr	-1 219.60	-1 167.3	68.87
CaCl$_2$	cr	-795.8	-748.1	104.6
CaBr$_2$	cr	-682.8	-663.6	130.0
CaI$_2$	cr	-533.5	-528.9	142.0
CaSO$_4$	cr	-1 434.11	-1 326.88	106.69
CaCO$_3$方解石	cr	-1 206.92	-1 128.84	92.88
CaCO$_3$霰石	cr	-1 207.8	-1 128.2	88.0
锶(strontium)				
Sr	cr	0	0	52.30
Sr	g	164.4	130.9	164.6
Sr^{2+}	g	1 790.54	—	—
Sr^{2+}	ao	-545.80	-559.84	-32.64
SrO	cr	-592.0	-561.9	54.4
Sr(OH)$_2$	cr	-959.0	—	—
SrCO$_3$	cr	-1 220.05	-1 140.14	97.07
Sr(NO$_3$)$_2$	cr	-978.2	-780.0	194.6
钡(barium)				
Ba	cr	0	0	62.76
Ba	g	180.0	146.0	170.23

续上表

化学式	状态	$\Delta_f H_m^\ominus$ kJ·mol^{-1}	$\Delta_f G_m^\ominus$ kJ·mol^{-1}	$S_m^\ominus$ J·mol^{-1}·K^{-1}
Ba^{2+}	g	1 660.38	—	—
Ba^{2+}	ao	-537.64	-560.77	9.62
BaH$_2$	cr	-178.7	—	—
BaO	cr	-553.5	-525.1	70.42
Ba(OH)$_2$	cr	-944.7	—	—
BaCl$_2$	cr	-858.56	-810.44	123.68
BaBr$_2$	cr	-757.3	-736.8	146.0
BaCO$_3$	cr	-1 216.3	-1 137.6	112.1
BaSO$_4$	cr	-1 469.42	-1 362.31	132.21
Ba(NO$_3$)$_2$	cr	-992.1	-796.59	213.8
硼（boron）				
B	g	562.7	518.8	153.45
B	cr	0	0	5.86
B$_2$H$_6$	g	35.6	86.7	232.11
B$_2$O$_3$	cr	-1 272.77	-1 193.65	53.97
B$_2$O$_3$	g	-843.8	-832.0	279.8
H$_3$BO$_3$	cr	-1 094.33	-969.01	88.83
BF$_3$	g	-1 137.00	-1 120.35	254.01
BCl$_3$	l	-427.2	-387.4	206.3
BBr$_3$	l	-239.7	-238.5	229.7
BBr$_3$	g	-205.64	-232.50	324.24
BI$_3$	g	71.1	20.72	349.18
BN	cr	-254.39	-228.45	14.81
铝（aluminum）				
Al	cr	0	0	28.33
Al	g	330.0	289.4	164.6
Al$_2$O$_3$（刚玉）	cr	-1 675.7	-1 582.3	50.92
Al(OH)$_3$（无定形）	am	-1 276.12	—	—

续上表

化学式	状态	$\Delta_f H_m^\ominus$ kJ·mol^{-1}	$\Delta_f G_m^\ominus$ kJ·mol^{-1}	$S_m^\ominus$ J·mol^{-1}·K^{-1}
AlF$_3$	cr	−1 510.4	−1 431.1	66.5
AlF$_3$	g	−1 204.6	−1 188.2	277.1
AlCl$_3$	cr	−704.2	−628.8	110.67
Al$_2$Cl$_6$	g	−1 290.8	−1 220.4	490
AlI$_3$	cr	−313.8	−300.8	159.0
AlI$_3$	g	−207.5	—	—
Al$_2$(SO$_4$)$_3$	cr	−3 440.84	−3 099.94	239.3
碳（carbon）				
C（石墨）	cr	0	0	5.74
C（金刚石）	cr	1.897	2.900	2.377
CO	g	−110.525	−137.15	197.56
CO$_2$	g	−393.51	−394.36	213.64
CO$_2$	ao	−413.80	−385.98	117.6
硅（silicon）				
Si	cr	0	0	18.83
Si	g	450.0	405.5	168.0
SiO$_2$（α 石英）	cr	−910.94	−856.64	41.84
SiO$_2$（α）	g	−322.0	—	—
SiCl$_4$	g	−657.01	−617.01	330.62
SiC（β）	cr	−65.27	−62.76	16.61
SiC（α）	cr	−62.8	−60.2	16.48
Si$_3$N$_4$（α）	cr	−743.50	−642.66	101.25
锡（tin）				
Sn（白）	cr	0	0	51.55
Sn（灰）	cr	−2.09	0.126	44.14
SnO$_2$	cr	−580.74	−519.65	52.3
Sn(OH)$_2$	cr	−561.1	−491.6	155.0
SnCl$_2$	cr	−325.1	—	—

续上表

化学式	状态	$\Delta_f H_m^{\ominus}$ kJ·mol^{-1}	$\Delta_f G_m^{\ominus}$ kJ·mol^{-1}	$S_m^{\ominus}$ J·mol^{-1}·K^{-1}
SnCl$_4$	g	-471.5	-432.2	365.8
SnCl$_4$	l	-511.3	-440.1	258.6
SnS	cr	-100.0	-98.3	77.0
铅（lead）				
Pb	cr	0	0	64.81
PbO（红）	cr	-218.99	-188.95	66.73
PbO（黄）	cr	-215.33	-187.90	68.70
PbS	cr	-100.42	-98.74	91.21
氮（nitrogen）				
N	g	472.70	455.56	153.3
N$_2$	g	0	0	191.61
NO	g	90.25	86.57	210.65
N$_2$O	g	82.05	104.20	219.85
NO$_2$	g	33.18	51.30	39.65
N$_2$O$_3$	g	83.72	139.46	312.28
N$_2$O$_5$	g	11.3	115.1	355.7
NO$_2^-$	ao	-104.6	-32.2	123.0
NO$_3^-$	ao	-207.36	-111.34	146.44
NH$_4^+$	ao	-132.51	-79.31	113.39
NH$_3$	ao	-80.29	-26.57	111.29
NH$_3$	g	-46.11	-16.48	192.34
N$_2$H$_4$	l	50.63	149.34	121.21
N$_2$H$_4$	g	95.4	159.4	238.5
NH$_4$NO$_2$	cr	-256.5	—	—
NH$_4$F	cr	-463.96	-348.68	71.96
NH$_4$Cl	cr	-314.43	-202.87	94.6
NH$_4$ClO$_4$	cr	-295.31	-88.75	186.2
(NH$_4$)$_2$HPO$_4$	cr	-1 566.9	—	—

续上表

化学式	状态	$\Delta_f H_m^\ominus$ kJ·mol^{-1}	$\Delta_f G_m^\ominus$ kJ·mol^{-1}	$S_m^\ominus$ J·mol^{-1}·K^{-1}
$(NH_4)_3PO_4$	cr	-1 671.9	—	—
$(NH_4)_2SO_4$	cr	-1 180.85	-901.67	220.1
$(NH_4)_2S_2O_8$	cr	-1 148.1	—	—
磷(phosphorus)				
P(白)	cr	0	0	41.09
P(红)	cr	-17.5	-12.13	22.80
P(黑)	cr	-39.3	—	—
P_4O_{10}	cr	-2 984.03	-2 697.84	228.86
PH_3	g	5.44	13.39	210.12
PF_3	g	-958.4	-936.9	273.1
PF_5	g	-1 594.4	-1 520.7	300.8
PCl_3	g	-287.02	-267.78	311.67
PCl_3	l	-319.7	-272.3	217.1
PCl_5	cr	-443.5	—	—
PCl_5	g	-374.9	-305.0	364.58
氧(oxygen)				
O	g	249.17	231.73	161.05
O_2	g	0	0	205.03
O_3	g	142.67	163.18	238.82
H_2O	l	-285.83	-237.18	69.91
H_2O	g	-241.82	-228.59	188.72
OH^-	ao	-229.99	-157.24	143.9
H_2O_2	ao	-191.17	-134.03	109.6
H_2O_2	l	-187.78	-120.35	109.6
硫(sulfur)				
S(斜方)	cr	0	0	31.80
S(单斜)	cr	0.33	—	—
S	g	278.80	238.25	167.82

续上表

化学式	状态	$\Delta_f H_m^\ominus$ kJ·mol^{-1}	$\Delta_f G_m^\ominus$ kJ·mol^{-1}	$S_m^\ominus$ J·mol^{-1}·K^{-1}
SO_2	l	-320.5	—	—
SO_2	g	-297.04	-300.19	248.11
SO_3	g	-395.72	-371.08	256.65
SO_3	l	-441.0	-373.8	113.8
SO_3	cr	-454.5	-374.2	70.7
SO_3^{2-}	ao	-635.5	-486.5	-29
SO_4^{2-} (H_2SO_4)	ao	-909.27	-744.53	20.1
HSO_4^-	ao	-887.34	-755.91	131.8
$S_2O_3^{2-}$	ao	-648.5	-522.5	67
H_2S	g	-20.63	-33.56	205.69
H_2S	ao	-39.7	-27.83	121.
SF_4	g	-744.9	-731.3	292.03
氟 (fluorine)				
F	g	78.99	61.91	158.75
F^-	g	-255.39	—	—
F^-	ao	-332.63	-278.82	-13.81
F_2	g	0	0	202.75
HF	g	-271.12	-273.22	-173.67
HF	ao	-320.08	-296.82	88.7
HF_2^-	ao	-649.94	-578.08	92.5
氯 (chlorine)				
Cl	g	121.68	105.68	165.2
Cl^-	g	-233.13	—	—
Cl^-	ao	-167.16	-131.23	56.5
Cl_2	g	0	0	223.07
ClO^-	ao	-107.11	-36.82	41.84
ClO_2^-	ao	-66.5	17.2	101.3
ClO_3^-	ao	-103.97	-7.95	162.3

续上表

化学式	状态	$\Delta_f H_m^\ominus$ kJ·mol^{-1}	$\Delta_f G_m^\ominus$ kJ·mol^{-1}	$S_m^\ominus$ J·mol^{-1}·K^{-1}
ClO_4^-	ao	-129.33	-8.52	182.0
HCl	g	-92.31	-95.30	186.80
HClO	ao	-120.9	-79.9	142.3
溴（bromine）				
Br	g	111.88	82.4	175.02
Br$^-$	ao	-121.55	-103.97	82.42
Br$_2$	l	0	0	152.23
Br$_2$	g	30.91	3.11	245.46
BrO$^-$	ao	-94.1	33.4	42
BrO$_3^-$	ao	-67.07	18.6	161.71
BrO$_4^-$	ao	13.0	118.1	199.6
HBr	g	-36.40	-53.43	198.59
HBrO	ao	-133.0	-82.4	142.0
铜（copper）				
Cu	cr	0.0	—	33.15
Cu	g	337.4	297.7	166.4
Cu$^+$	ao	71.67	49.98	40.6
Cu^{2+}	ao	64.77	65.49	99.6
CuO	cr	-157.32	-129.70	48.63
Cu(OH)$_2$	cr	-449.8	—	—
CuCl	cr	-137.2	-119.86	86.2
CuCl$_2$	cr	-220.1	-175.7	108.07
CuS	cr	-53.1	-53.6	66.5
CuSO$_4$	cr	-771.36	-661.8	109
CuSO$_4$·5H$_2$O	cr	-2 279.65	-1 879.74	300.41
CuCO$_3$·Cu(OH)$_2$ 孔雀石	cr	-1 051.4	-86	186.2
银（silver）				
Ag	cr	0	0	42.55

续上表

化学式	状态	$\Delta_f H_m^\ominus$ kJ·mol^{-1}	$\Delta_f G_m^\ominus$ kJ·mol^{-1}	$S_m^\ominus$ J·mol^{-1}·K^{-1}
Ag$^+$	ao	105.58	77.12	72.68
Ag$_2$O	cr	−31.05	−11.21	121.34
AgF	cr	−204.6	—	—
AgCl	cr	−127.07	−109.80	96.23
AgBr	cr	100.37	−96.90	107.11
AgI	cr	−61.84	−66.19	115.48
Ag$_2$S (α)	cr	−32.59	−40.67	144.01
Ag$_2$S (β)	cr	−29.41	−39.46	150.6
Ag$_2$CO$_3$	cr	−505.8	−436.8	167.4
AgCN	cr	146.0	156.9	107.2
Ag$_2$CrO$_4$	cr	−731.7	−641.8	217.6
AgNO$_3$	cr	−124.4	−33.4	140.9
Ag(NH$_3$)$_2^+$	ao	−11 129	−17.12	245.18
Ag$_2$SO$_4$	cr	−715.9	−618.4	200.4
金 (gold)				
Au	g	366.1	326.3	180.5
Au	cr	0	0	47.40
[Au(CN)$_2$]$^-$	ao	242.25	285.77	171.54
[AuCl$_4$]$^-$	ao	−322.17	−235.22	266.94
锌 (zinc)				
Zn	g	130.4	94.8	161.0
Zn	cr	0	0	41.63
Zn^{2+}	ao	−153.89	−147.06	−112.13
ZnO	cr	−348.28	−318.32	43.64
Zn(OH)$_2$	cr	−641.9	−553.5	81.2
ZnF$_2$	cr	−764.4	−713.3	73.7
ZnCl$_2$	cr	−415.1	−369.4	111.5
ZnCl$_2$	g	−266.1	—	—

续上表

化学式	状态	$\Delta_f H_m^\ominus$ kJ·mol^{-1}	$\Delta_f G_m^\ominus$ kJ·mol^{-1}	$S_m^\ominus$ J·mol^{-1}·K^{-1}
ZnBr$_2$	cr	-328.7	-312.1	138.5
ZnI$_2$	cr	-208.0	-209.0	161.1
ZnS（闪锌矿）	cr	-192.63	—	—
ZnCO$_3$	cr	-812.8	-731.5	82.4
Zn(NO$_3$)$_2$	cr	-483.7	—	—
ZnSO$_4$	cr	-982.8	-871.5	110.5
镉（cadmium）				
Cd(γ)	cr	0	0	51.76
Cd^{2+}	ao	-75.90	-77.61	-73.22
CdO	cr	-258.4	-228.7	54.8
Cd(OH)$_2$	cr	-560.7	-473.6	96.0
CdCl$_2$	cr	-391.5	-343.9	115.3
CdS	cr	-161.92	-156.48	64.85
CdCO$_3$	cr	-750.6	-669.4	92.5
CdSO$_4$	cr	-933.3	-822.7	123.0
Cd(NH$_3$)$_4^{2+}$	ao	-450.2	-226.1	336.4
汞（mercury）				
Hg	l	0	0	76.02
Hg	g	61.32	31.85	174.85
HgO（红色）	cr	-90.83	-58.54	70.29
HgO（黄色）	cr	-90.46	-58.41	71.1
Hg$_2$Cl$_2$	cr	-265.22	-210.78	192.46
HgCl$_2$	cr	-224.3	-178.6	146.0
HgBr$_2$	cr	-170.7	-153.1	172.0
Hg$_2$Br$_2$	cr	-206.9	-181.1	218.0
HgI$_2$（红色）	cr	-105.4	-101.7	180.0
HgI$_2$（黄色）	cr	-102.9	—	—
HgI$_4^{2-}$	ao	-235.1	-211.7	360

续上表

化学式	状态	$\Delta_f H_m^\ominus$ kJ·mol^{-1}	$\Delta_f G_m^\ominus$ kJ·mol^{-1}	$S_m^\ominus$ J·mol^{-1}·K^{-1}
Hg_2I_2	cr	-121.3	-111.0	233.5
HgS（红色）	cr	-58.2	-50.6	82.4
HgS（黑色）	cr	-53.6	-47.7	88.3
$HgSO_4$	cr	-707.5	—	—
Hg_2SO_4	cr	-743.1	-625.8	200.7
$Hg(NH_3)_4^{2+}$	ao	-282.8	-51.7	335.
CH_4	g	-74.85	-50.6	186.27
C_2H_6	g	-83.68	-31.80	229.12
C_2H_6	l	48.99	124.35	173.26
C_2H_4	g	52.30	68.24	219.20
C_2H_2	g	226.73	209.20	200.83
CH_3OH	l	-239.03	-166.82	127.24
C_2H_5OH	l	-277.98	-174.18	161.04
C_6H_5COOH	cr	-385.05	-245.27	167.57
$C_{12}H_{22}O_{11}$	cr	-2 225.5	-1 544.6	360.2

附录2 一些有机物的标准燃烧热(298.15 K)

分子式	（状态）和名称	$\Delta_c H_m^\ominus$ / kJ·mol^{-1}	分子式	（状态）和名称	$\Delta_c H_m^\ominus$ / kJ·mol^{-1}
CH_4	(g) 甲烷	-890.3	CH_3OH	(l) 甲醇	-726.6
C_2H_2	(g) 乙炔	-1 299.6	C_2H_5OH	(l) 乙醇	-1 366.7
C_2H_4	(g) 乙烯	-1 411.0	$(CH_2OH)_2$	(l) 乙二醇	-1 192.9
C_2H_6	(g) 乙烷	-1 559.9	$C_3H_8O_3$	(l) 甘油	-1 664.4
C_3H_6	(g) 丙烯	-2 058.5	C_6H_5OH	(s) 苯酚	-3 062.7
C_3H_8	(g) 丙烷	-2 220.0	$HCHO$	(g) 甲醛	-563.6
C_4H_{10}	(g) 正-丁烷	-2 878.5	CH_3CHO	(g) 乙醛	-1 192.4
C_4H_{10}	(g) 异-丁烷	-2 871.6	CH_3COCH_3	(l) 丙酮	-1 802.9
C_4H_8	(g) 丁烯	-2 718.6	$CH_3COOC_2H_5$	(l) 乙酸乙酯	-2 254.2
C_5H_{12}	(g) 戊烷	-3 536.1	$(C_2H_5)_2O$	(l) 乙醚	-2 730.9
C_6H_6	(l) 苯	-3 267.7	$HCOOH$	(l) 甲酸	-269.9
C_6H_{12}	(l) 环己烷	-3 919.9	CH_3COOH	(l) 乙酸	-871.5
C_7H_8	(l) 甲苯	-3 909.9	$(COOH)_2$	(s) 草酸	-246.0
C_8H_{10}	(l) 对二甲苯	-4 552.9	C_6H_5COOH	(s) 苯甲酸	-3 227.5
$C_{10}H_8$	(s) 萘	-5 153.9	$C_{17}H_{35}COOH$	(s) 硬脂酸	-11 274.6
CH_3Cl	(g) 氯甲烷	-689.1	$(COOCH_3)_2$	(l) 草酸甲脂	-1 678.0
C_6H_5Cl	(l) 氯苯	-3 140.9	CCl_4	(l) 四氯化碳	-156.1
CS_2	(l) 二硫化碳	-1 075.3	$CHCl_3$	(l) 三氯甲烷	-373.2
$(CN)_2$	(g) 氰	-1 087.8	$C_6H_{12}O_6$	(s) 葡萄糖	-2 815.8
$C_6H_5NH_2$	(l) 苯胺	-3 397.0	$C_{12}H_{22}O_{11}$	(s) 蔗糖	-5 648.4
$C_6H_5NO_2$	(l) 硝基苯	-3 097.8	$C_{10}H_{16}O$	(s) 樟脑	-5 903.6
$CO(NH_2)_2$	(s) 尿素	-632.0			

数据摘自：印永嘉，《物理化学简明教程》上册，人民教育出版社1965年版，并按 1 cal = 4.184 J 换算。

附录3 配位离子不稳定常数的负对数值

配体 / 中心体	CN^-	CNS^-	Cl^-	Br^-	I^-	NH_3	en①	Y②
Fe^{3+}	42(6)	3.36(2)	1.48(1)	-0.30(1)	—	—	—	24.23(1)
Fe^{2+}	35(6)	—	0.36(1)	—	—	—	9.70(3)	14.33(1)
Co^{3+}	—	—	—	—	—	35.2(6)	48.69(3)	36(1)
Co^{2+}	—	3.00(4)	—	—	—	5.11(6)	13.94(3)	16.31(1)
Ni^{2+}	31.3(4)	1.81(3)	—	—	—	8.74(6)	18.33(3)	18.56(1)
Ag^+	21.1(2)	7.57(2)	5.04(2)	7.33(2)	11.74(2)	7.05(2)	7.70(2)	7.32(1)
Cu^+	24.0(2)	5.18(2)	5.5(2)	5.89(2)	8.85(2)	10.86(2)	10.8(2)	—
Cu^{2+}	—	—	0.1(1)	0.30(1)	—	13.32(4)	20.00(2)	18.7(1)
Zn^{2+}	16.7(4)	1.62(1)	0.61(2)	—	9.46(4)	10.83(2)	16.4(1)	—
Cd^{2+}	18.78(4)	3.6(4)	2.80(4)	3.7(4)	5.41(4)	7.12(4)	10.09(2)	16.4(1)
Hg^{2+}	—	21.23(4)	15.07(4)	21.00(4)	29.83(4)	9.46(4)	23.3(2)	21.80(1)
Sn^{2+}	—	—	2.24(2)	1.81(2)	—	—	—	22.1(1)
Pb^{2+}	—	—	2.44(2)	1.9(2)	4.47(4)	—	—	18.3(1)
Al^{3+}	—	—	—	—	—	—	—	16.11(1)
Na^+	—	—	—	—	—	—	—	1.66(1)
Ca^{2+}	—	—	—	—	—	—	—	11.0(1)
Mg^{2+}	—	—	—	—	—	—	—	8.64(1)

注：括号内的数字为配位体的数目，温度在25 ℃附近，浓度单位为 $mol \cdot L^{-1}$。
①en：乙二胺。②Y：乙二胺四乙酸根离子（$EDTA^{4-}$）。

附录4　标准键能（298.15 K）

键型	$\Delta_c H_m^\ominus$ / kJ·mol^{-1}	键型	$\Delta_c H_m^\ominus$ / kJ·mol^{-1}	键型	$\Delta_c H_m^\ominus$ / kJ·mol^{-1}	键型	$\Delta_c H_m^\ominus$ / kJ·mol^{-1}
H — H	435.9	C — F	485.3	Si — Br	309.6	Ge — Ge	157.3
H — F	564.8	C — S	272.0	P — H	330.5	As — H	292.9
H — Cl	431.4	C — Cl	338.9	P = O	510.4	As — F	464.4
H — Br	366.1	C — Br	284.5	P — F	489.5	As — Cl	292.9
H — I	298.7	C — I	217.6	P — P	214.6	Se — H	276.1
Be — Cl	456.1	N — H	390.8	P — Cl	328.4	Se — O	423**
B — H	331*	N — N	163.2	P — Br	266.5	Se — F	284.5
B — C	372.4	N = N	409	S — H	347.3	Se — Cl	242.6
B — N	443.5	N ≡ N	944.7	S — O	521.7**	Se — Se	184.1
B — O	535.6	N — O	200.8	S — F	318.0	Br — O	200.8
B — F	644.3	N = O	631.8	S — S	297.1	Br — Br	192.9
B — Cl	456.1	O — H	462.8	S — Cl	255.2	Zr — Cl	485.3
C — H	413.0	O — O	196.6	Cl — O	251.0	Zr — O	765.7
C — C	345.6	O = O	498.3	Cl — Cl	242.1	Sn = Cl	318.0
C = C	610.0	O — F	189.5	Cl — F	251*	I — I	150.9
C ≡ C	835.1	F — F	154.8	Ti — Cl	427	I — O	241*
C — N	304.6	Si — H	318.0	Ti — O	662**	Hg — Cl	225.9
C = N	615.0	Si — C	290*	Ti — N	464**	Hg — Hg	17.2**
C ≡ N	889.5	Si — O	432*	Ge — H	288.3		
C — O	357.7	Si — F	564.8	Ge — O	662**		
C = O	736.4（醛）	Si — Si	176.6	Ge — F	464.4		
C = O	748.9（酮）	Si — Cl	380.7	Ge — Cl	338.9		

* 的数据摘自 Linus Pauling, Peter Pauling, *Chemistry*, APPendix Ⅴ, 1975。

** 的数据为气态双原子分子的解离能，数据摘自 *Handbook of Chemistry and Physics*, 66th ed.。

其他数据均摘自 *Lange's Handbook of Chemistry*, 11th ed.。

附录5　溶度积常数

化学式	温度/℃	$K_{sp}^{\ominus}$	化学式	温度/℃	$K_{sp}^{\ominus}$
$Al(OH)_3$	20	1.9×10^{-33}	PbC_2O_4	18	2.74×10^{-11}
$Al(OH)_3$	25	3×10^{-34}	$PbSO_4$	18	1.6×10^{-8}
$AlPO_4$	25	9.84×10^{-21}	PbS	18	3.4×10^{-28}
$BaCO_3$	16	7×10^{-9}	Li_2CO_3	25	1.7×10^{-3}
$BaCO_3$	25	8.1×10^{-9}	LiF	25	1.84×10^{-3}
$BaCrO_4$	28	2.4×10^{-10}	Li_3PO_4	25	2.37×10^{-4}
BaF_2	25.8	1.73×10^{-6}	$MgCO_3$	12	2.6×10^{-5}
$Ba(IO_3)_2$	25	6.5×10^{-10}	MgF_2	18	7.1×10^{-9}
BaC_2O_4	18	1.2×10^{-7}	MgF_2	25	6.4×10^{-9}
$BaSO_4$	18	0.87×10^{-10}	$Mg(OH)_2$	18	1.2×10^{-11}
$BaSO_4$	25	1.08×10^{-10}	MgC_2O_4	18	8.57×10^{-5}
$BaSO_4$	50	1.98×10^{-10}	$MnCO_3$	18~25	9×10^{-11}
$Be(OH)_2$	25	6.92×10^{-22}	$Mn(OH)_2$	18	4×10^{-14}
$CdCO_3$	25	1.0×10^{-12}	MnS	18	1.4×10^{-15}
$Cd(OH)_2$	25	7.2×10^{-15}	MnS	25	10^{-22}
CdC_2O_4	18	1.53×10^{-8}	$HgBr_2$	25	8×10^{-20}
$Cd_3(PO_4)_2$	25	2.53×10^{-33}	$HgCl_2$	25	2.6×10^{-15}
CdS	18	3.6×10^{-29}	$Hg(OH)_2$	25	3.6×10^{-26}
$CaCO_3$	15	0.99×10^{-8}	HgI_2	25	3.2×10^{-29}
$CaCO_3$	18~25	4.8×10^{-9}	HgS	18	4×10^{-53}
$CaCrO_4$	18	2.3×10^{-2}	$HgBr$	25	1.3×10^{-21}
CaF_2	18	3.4×10^{-11}	Hg_2Cl_2	25	2×10^{-18}
CaF_2	25	3.95×10^{-11}	HgI	25	1.2×10^{-28}
$Ca(OH)_2$	18~25	8×10^{-6}	Hg_2SO_4	25	7.9×10^{-7}
CaC_2O_4	18	1.78×10^{-9}	$Ni(OH)_2$	25	5.48×10^{-16}
CaC_2O_4	25	2.57×10^{-9}	$AgBrO_3$	20	3.97×10^{-5}
$Ca_3(PO_4)_2$	25	2.07×10^{-33}	$AgBrO_3$	25	5.77×10^{-5}

续上表

化学式	温度/℃	$K_{sp}^{\ominus}$	化学式	温度/℃	$K_{sp}^{\ominus}$
$CaSO_4$	10	6.1×10^{-5}	$AgBr$	25	7.7×10^{-13}
$CaSO_4$	25	4.93×10^{-5}	Ag_2CO_3	25	6.15×10^{-12}
$Cr(OH)_3$	25	6.3×10^{-31}	$AgCl$	25	1.56×10^{-10}
$Co(OH)_2$	25	1.6×10^{-15}	$AgCl$	50	13.2×10^{-10}
CoS	18~25	10^{-21}	$AgCl$	100	21.5×10^{-10}
$CuCO_3$	25	1×10^{-10}	Ag_2CrO_4	14.8	1.2×10^{-12}
$Cu(OH)_2$	18~25	6×10^{-20}	Ag_2CrO_4	25	9×10^{-12}
$Cu(OH)_2$	25	4.8×10^{-20}	$Ag_2(CN)_2$	20	2.2×10^{-12}
CuS	18	8.5×10^{-45}	$Ag_2Cr_2O_7$	25	2×10^{-7}
$CuBr$	18~20	4.15×10^{-8}	$AgOH$	20	1.52×10^{-8}
$CuCl$	18~20	1.02×10^{-6}	$AgIO_3$	9.4	0.92×10^{-8}
CuI	18~20	5.06×10^{-12}	AgI	25	1.5×10^{-16}
Cu_2S	16~18	2×10^{-47}	$AgNO_2$	25	5.86×10^{-4}
$CuSCN$	18	1.64×10^{-11}	$Ag_2C_2O_4$	25	1.3×10^{-11}
$Fe(OH)_3$	18	1.1×10^{-36}	Ag_2SO_4	18~25	1.2×10^{-5}
$FeCO_3$	18~25	2×10^{-11}	Ag_2S	18	1.6×10^{-49}
$Fe(OH)_2$	18	1.64×10^{-14}	$AgSCN$	18	0.49×10^{-12}
$Fe(OH)_2$	25	4.86×10^{-17}	$AgSCN$	25	1.16×10^{-12}
FeC_2O_4	25	2.1×10^{-7}	$SrCO_3$	25	1.6×10^{-9}
FeS	18	3.7×10^{-19}	$SrCrO_4$	18~25	3.6×10^{-5}
$PbCO_3$	18	3.3×10^{-14}	SrF_2	18	2.8×10^{-9}
$PbCrO_4$	18	1.77×10^{-14}	SrC_2O_4	18	5.61×10^{-8}
$PbCl_2$	25.2	1.0×10^{-4}	Tl_2SO_4	25	3.6×10^{-4}
$PbCl_2$	18~25	1.7×10^{-5}	$Sn(OH)_2$	18~25	1×10^{-26}
PbF_2	18	3.2×10^{-8}	SnS	25	10^{-28}
PbF_2	26.6	3.7×10^{-8}	$Zn(OH)_2$	18~20	1.8×10^{-14}
PbI_2	15	7.47×10^{-9}	ZnC_2O_4	18	1.35×10^{-9}
PbI_2	25	1.39×10^{-8}	$\alpha\text{-}ZnS$	18	1.2×10^{-23}
$AgBr$	18	4.1×10^{-13}			

附录6　标准电极电势（298.15 K）

电对	电对平衡式 氧化型 + ze^- ⇌ 还原型	$\varphi^\ominus$/V
Li^+/Li	$Li^+(aq) + e^- \rightleftharpoons Li(s)$	-3.040 1
K^+/K	$K^+(aq) + e^- \rightleftharpoons K(s)$	-2.931
Ba^{2+}/Ba	$Ba^{2+}(aq) + 2e^- \rightleftharpoons Ba(s)$	-2.912
Ca^{2+}/Ca	$Ca^{2+}(aq) + 2e^- \rightleftharpoons Ca(s)$	-2.868
Na^+/Na	$Na^+(aq) + e^- \rightleftharpoons Na(s)$	-2.71
Mg^{2+}/Mg	$Mg^{2+}(aq) + 2e^- \rightleftharpoons Mg(s)$	-2.372
Al^{3+}/Al	$Al^{3+}(aq) + 3e^- \rightleftharpoons Al(s)$	-1.662
Ti^{2+}/Ti	$Ti^{2+}(aq) + 2e^- \rightleftharpoons Ti(s)$	-1.630
Mn^{2+}/Mn	$Mn^{2+}(aq) + 2e^- \rightleftharpoons Mn(s)$	-1.185
Zn^{2+}/Zn	$Zn^{2+}(aq) + 2e^- \rightleftharpoons Zn(s)$	-0.761 8
Cr^{3+}/Cr	$Cr^{3+}(aq) + 3e^- \rightleftharpoons Cr(s)$	-0.744
*$Fe(OH)_3/Fe(OH)_2$	$Fe(OH)_3(s) + e^- \rightleftharpoons Fe(OH)_2(s) + OH^-(aq)$	-0.56
S/S^{2-}	$S(s) + 2e^- \rightleftharpoons S^{2-}(aq)$	-0.476 3
Cd^{2+}/Cd	$Cd^{2+}(aq) + 2e^- \rightleftharpoons Cd(s)$	-0.403
$PbSO_4/Pb$	$PbSO_4(s) + 2e^- \rightleftharpoons Pb(s) + SO_4^{2-}(aq)$	-0.358 8
Co^{2+}/Co	$Co^{2+}(aq) + 2e^- \rightleftharpoons Co(s)$	-0.28
H_3PO_4/H_3PO_3	$H_3PO_4(aq) + 2H^+(aq) + 2e^- \rightleftharpoons H_3PO_3(aq) + H_2O(l)$	-0.276
Ni^{2+}/Ni	$Ni^{2+}(aq) + 2e^- \rightleftharpoons Ni(s)$	-0.257
AgI/Ag	$AgI(s) + e^- \rightleftharpoons Ag(s) + I^-(aq)$	-0.152 2
Sn^{2+}/Sn	$Sn^{2+}(aq) + 2e^- \rightleftharpoons Sn(s)$	-0.137 5
Pb^{2+}/Pb	$Pb^{2+}(aq) + 2e^- \rightleftharpoons Pb(s)$	-0.126 2
*$MnO_2/Mn(OH)_2$	$MnO_2(s) + 2H_2O(l) + 2e^- \rightleftharpoons Mn(OH)_2(s) + 2OH^-(aq)$	-0.05
H^+/H_2	$2H^+(aq) + 2e^- \rightleftharpoons H_2(g)$	0
$AgBr/Ag$	$AgBr(s) + e^- \rightleftharpoons Ag(s) + Br^-(aq)$	0.071
Sn^{4+}/Sn^{2+}	$Sn^{4+}(aq) + 2e^- \rightleftharpoons Sn^{2+}(aq)$	0.151

续上表

电对	电对平衡式 氧化型 + ze^- ⇌ 还原型	$\varphi^\ominus$/V
Cu^{2+}/Cu^+	$Cu^{2+}(aq) + e^- \rightleftharpoons Cu^+(aq)$	0.153
$AgCl/Ag$	$AgCl(s) + e^- \rightleftharpoons Ag(s) + Cl^-(aq)$	0.222
Hg_2Cl_2/Hg	$Hg_2Cl_2(s) + 2e^- \rightleftharpoons 2Hg(l) + 2Cl^-(aq)$	0.268
Cu^{2+}/Cu	$Cu^{2+}(aq) + 2e^- \rightleftharpoons Cu(s)$	0.3419
$[Fe(CN)_6]^{3-}/[Fe(CN)_6]^{4-}$	$[Fe(CN)_6]^{3-}(aq) + e^- \rightleftharpoons [Fe(CN)_6]^{4-}(aq)$	0.36
$Ag(NH_3)_2^+/Ag$	$Ag(NH_3)_2^+(aq) + e^- \rightleftharpoons Ag(s) + 2NH_3(aq)$	0.373
*O_2/OH^-	$O_2(g) + 2H_2O(l) + 4e^- \rightleftharpoons 4OH^-(aq)$	0.401
Cu^+/Cu	$Cu^+(aq) + e^- \rightleftharpoons Cu(s)$	0.521
I_2/I^-	$I_2(s) + 2e^- \rightleftharpoons 2I^-(aq)$	0.5355
MnO_4^-/MnO_4^{2-}	$MnO_4^-(aq) + e^- \rightleftharpoons MnO_4^{2-}(aq)$	0.558
*MnO_4^-/MnO_2	$MnO_4^-(aq) + 2H_2O(l) + 3e^- \rightleftharpoons MnO_2(s) + 4OH^-(aq)$	0.595
*BrO_3^-/Br^-	$BrO_3^-(aq) + 3H_2O(l) + 6e^- \rightleftharpoons Br^-(aq) + 6OH^-(aq)$	0.61
O_2/H_2O_2	$O_2(g) + 2H^+(aq) + 2e^- \rightleftharpoons H_2O_2(aq)$	0.695
Fe^{3+}/Fe^{2+}	$Fe^{3+}(aq) + e^- \rightleftharpoons Fe^{2+}(aq)$	0.771
Ag^+/Ag	$Ag^+(aq) + e^- \rightleftharpoons Ag(s)$	0.7996
*ClO^-/Cl^-	$ClO^-(aq) + H_2O(l) + 2e^- \rightleftharpoons Cl^-(aq) + 2OH^-(aq)$	0.841
NO_3^-/NO	$NO_3^-(aq) + 4H^+(aq) + 3e^- \rightleftharpoons NO(g) + 2H_2O(l)$	0.957
Br_2/Br^-	$Br_2(l) + 2e^- \rightleftharpoons 2Br^-(aq)$	1.066
IO_3^-/I_2	$2IO_3^-(aq) + 12H^+(aq) + 10e^- \rightleftharpoons I_2(s) + 6H_2O(l)$	1.209
MnO_2/Mn^{2+}	$MnO_2(s) + 4H^+(aq) + 2e^- \rightleftharpoons Mn^{2+}(aq) + 2H_2O(l)$	1.224
O_2/H_2O	$O_2(g) + 4H^+(aq) + 4e^- \rightleftharpoons 2H_2O(l)$	1.229
$Cr_2O_7^{2-}/Cr^{3+}$	$Cr_2O_7^{2-}(aq) + 14H^+(aq) + 6e^- \rightleftharpoons 2Cr^{3+}(aq) + 7H_2O(l)$	1.232
O_3/OH^-	$O_3(g) + H_2O(l) + 2e^- \rightleftharpoons O_2(g) + 2OH^-(aq)$	1.24
Cl_2/Cl^-	$Cl_2(g) + 2e^- \rightleftharpoons 2Cl^-(aq)$	1.358
PbO_2/Pb^{2+}	$PbO_2(s) + 4H^+(aq) + 2e^- \rightleftharpoons Pb^{2+}(aq) + 2H_2O(l)$	1.455
MnO_4^-/Mn^{2+}	$MnO_4^-(aq) + 8H^+(aq) + 5e^- \rightleftharpoons Mn^{2+} + 4H_2O(l)$	1.507
$HBrO/Br_2$	$2HBrO(aq) + 2H^+(aq) + 2e^- \rightleftharpoons Br_2(l) + 2H_2O(l)$	1.596

续上表

电对	电对平衡式 氧化型 + ze^- ⇌ 还原型	$\varphi^{\ominus}$/V
HClO/Cl$_2$	$2HClO(aq) + 2H^+(aq) + 2e^- \rightleftharpoons Cl_2(g) + 2H_2O(l)$	1.611
H$_2$O$_2$/H$_2$O	$H_2O_2(aq) + 2H^+(aq) + 2e^- \rightleftharpoons 2H_2O(l)$	1.776
S$_2$O$_8^{2-}$/SO$_4^{2-}$	$S_2O_8^{2-}(aq) + 2e^- \rightleftharpoons 2SO_4^{2-}(aq)$	2.010
O$_3$/H$_2$O	$O_3(g) + 2H^+(aq) + 2e^- \rightleftharpoons O_2(g) + H_2O(l)$	2.076
F$_2$/F$^-$	$F_2(g) + 2e^- \rightleftharpoons 2F^-(aq)$	2.866

注：*指在碱性介质中。

附录7 弱酸、弱碱的解离常数（298.15 K）

化学式	解离常数（$K_a^\ominus$ 或 $K_b^\ominus$）
HAc	$K_a^\ominus = 1.76 \times 10^{-5}$
H_2CO_3	$K_{a1}^\ominus = 4.20 \times 10^{-7}$, $K_{a2}^\ominus = 5.61 \times 10^{-11}$
$H_2C_2O_4$	$K_{a1}^\ominus = 5.90 \times 10^{-2}$, $K_{a2}^\ominus = 6.40 \times 10^{-5}$
HNO_2	$K_a^\ominus = 5.1 \times 10^{-4}$
H_3PO_4	$K_{a1}^\ominus = 7.6 \times 10^{-3}$, $K_{a2}^\ominus = 6.3 \times 10^{-8}$, $K_{a3}^\ominus = 4.4 \times 10^{-13}$
H_2SO_3	$K_{a1}^\ominus = 1.54 \times 10^{-2}$, $K_{a2}^\ominus = 1.02 \times 10^{-7}$
H_2SO_4	$K_a^\ominus = 1.20 \times 10^{-2}$
H_2S	$K_{a1}^\ominus = 9.1 \times 10^{-8}$, $K_{a2}^\ominus = 1.1 \times 10^{-12}$
*HCN	$K_a^\ominus = 5.8 \times 10^{-10}$
H_2CrO_4	$K_{a1}^\ominus = 1.8 \times 10^{-1}$, $K_{a2}^\ominus = 3.20 \times 10^{-7}$
H_3BO_3	$K_a^\ominus = 5.8 \times 10^{-10}$
HF	$K_a^\ominus = 3.53 \times 10^{-4}$
H_2O_2	$K_a^\ominus = 2.4 \times 10^{-12}$
HClO	$K_a^\ominus = 2.95 \times 10^{-5}$ (291 K)
HBrO	$K_a^\ominus = 2.06 \times 10^{-9}$
HIO	$K_a^\ominus = 2.3 \times 10^{-11}$
HIO_3	$K_a^\ominus = 1.69 \times 10^{-1}$
*H_3AsO_4	$K_{a1}^\ominus = 5.7 \times 10^{-3}$, $K_{a2}^\ominus = 1.70 \times 10^{-7}$, $K_{a3}^\ominus = 2.5 \times 10^{-12}$
$HAsO_2$	$K_a^\ominus = 6 \times 10^{-10}$
HCOOH	$K_a^\ominus = 1.77 \times 10^{-4}$ (293 K)
$ClCH_2COOH$	$K_a^\ominus = 1.40 \times 10^{-3}$
NH_2CH_2COOH	$K_a^\ominus = 1.67 \times 10^{-10}$
*EDTA	$K_{a1}^\ominus = 1.0 \times 10^{-1}$, $K_{a2}^\ominus = 2.1 \times 10^{-3}$, $K_{a3}^\ominus = 6.9 \times 10^{-7}$
$NH_3 \cdot H_2O$	$K_b^\ominus = 1.79 \times 10^{-5}$
*N_2H_4	$K_b^\ominus = 9.8 \times 10^{-7}$

续上表

化学式	解离常数（$K_a^\ominus$ 或 $K_b^\ominus$）
$H_2NC_2H_4NH_2$	$K_{b1}^\ominus = 8.5 \times 10^{-5}$，$K_{b2}^\ominus = 7.1 \times 10^{-8}$
*NH_2OH	$K_b^\ominus = 9.1 \times 10^{-9}$
CH_3NH_2	$K_b^\ominus = 4.2 \times 10^{-4}$

注：摘自 Weast R. C.，*Handbook of Chemistry and Physics*，70th ed，1989—1990。

*摘自《无机化学丛书》第六卷，科学出版社1995年版。

附录8 元素周期表

(元素周期表图表,内容过于复杂,此处不逐一转录)

主要参考书目

[1] 武汉大学,吉林大学,等. 无机化学[M]. 3版. 北京:高等教育出版社,1994.

[2] 大连理工大学无机化学教研室. 无机化学[M]. 5版. 北京:高等教育出版社,2006.

[3] 北京师范大学无机化学教研室,华中师范大学无机化学教研室,南京师范大学无机化学教研室,等. 无机化学[M]. 4版. 北京:高等教育出版社,2008.

[4] 王宝仁. 无机化学[M]. 2版. 大连:大连理工大学出版社,2009.

[5] 史启祯. 无机化学与化学分析[M]. 北京:高等教育出版社,1998.

[6] 许善锦. 无机化学[M]. 北京:人民卫生出版社,2000.

[7] 魏祖期. 基础化学[M]. 5版. 北京:人民卫生出版社,2001.

[8] 浙江大学普通化学教研组. 原子结构[M]. 北京:人民教育出版社,1982.

[9] 胡忠鲠. 现代化学基础[M]. 北京:高等教育出版社,2000.

[10] 沈光球,陶家洵,徐功骅. 现代化学基础[M]. 2版. 北京:清华大学出版社,1999.

[11] 浙江大学普通化学教研组. 普通化学[M]. 北京:高等教育出版社,2002.